# 女人，你要美丽到老

NVREN
NIYAOMEILI
DAOLAO

／韦甜甜◎著

台海出版社

**图书在版编目(CIP)数据**

女人,你要美丽到老 / 韦甜甜著.--北京:台海
出版社,2014.12

ISBN 978-7-5168-0527-5

Ⅰ.①女… Ⅱ.①韦… Ⅲ.①女性-修养-通俗读物
Ⅳ.①B825-49

中国版本图书馆 CIP 数据核字(2014)第 285393号

**女人,你要美丽到老**

著　者:韦甜甜

责任编辑:王　萍

装帧设计:天下书装　　　　　版式设计:通联图文

责任校对:晁　凡　　　　　　责任印制:蔡　旭

出版发行:台海出版社

地　址:北京市朝阳区劲松南路 1 号，邮政编码:100021

电　话:010-64041652(发行,邮购)

传　真:010-84045799(总编室)

网　址:www.taimeng.org.cn/thcbs/default.htm

E-mail:thcbs@126.com

经　销:全国各地新华书店

印　刷:北京柯蓝博泰印务有限公司

本书如有破损、缺页、装订错误,请与本社联系调换

开　本:710mm×1000 mm　　　1/16

字　数:210 千字　　　　　　印　张:18

版　次:2015 年 4 月第 1 版　　印　次:2019 年 3 月第 2 次印刷

书　号:ISBN 978-7-5168-0527-5

定　价:36.00 元

# 前　言

## 1

做美丽女人是很多现代女性的追求，她们把美丽看做人生中最伟大的事业来经营。

然而，再价值连城的化妆品，也没办法将五十岁的女人真正变回十八岁。这是岁月的残酷，也是女人的悲哀。正因为如此，如何留住青春与美丽，便成了女人生命中最重要的事情。

相对于男人来说，女人更害怕老去。因为女人比男人更害怕失去爱，害怕因年老色衰而带来的落叶满目的苍凉感。

很多人以为年龄是女人最大的敌人，对此，约旦王后拉尼娅在接受美国名嘴奥普拉·温弗瑞采访时说："很多人以为时间是最大的敌人，但对我而言并非如此，单看你怎么理解时间与生活。随着时光沉淀，我发现自己越来越自信，越来越稳重，越来越不会纠结于小事。所谓'变老是坏事'的看法是错误的，我没想着要对抗年龄，我只会忙于当下，接受它，享受它。"

李银河也说："一个女人要想幸福和快乐，就必须超越年轻和美貌，必须在年轻和美貌之外还有价值。一个内心永远年轻，永不停步、不断追求并勇于突破自我的人，永远不会老去。那些随岁月流逝依然美丽不减的

1

女人，无不深谙此道。岁月无情，世上从来没有一款真正的不老仙丹，可以逆转时光，阻止容颜的老去。"

可见，让女人美丽的不一定与物质有关，但一定与其自身的素质有关。真正美丽的女人，都是那些情怀柔软、善解人意、知书达理、不抱怨、不霸道、不势利的女人。

# 2

有人说，天生相貌微瑕，因此对自己失去信心，还有人说，苦于不知如何下手，因此索性放弃，有些人倒是锲而不舍，可惜一错再错，适得其反……真正的美人，难道仅仅是仰仗着秀美艳丽的皮囊，或者是一副婀娜轻盈的身骨？

答案当然为否。女人的美不仅仅在容貌，更重要的还在于品位、气质。

一个美丽的女人，首先是个有品位的女人。品位与物质有关，但绝非是纯粹的物质产物。真正有品位的女人，在旁人眼里是美丽可爱的，她们不一定天生丽质，却知道怎样打扮自己；她们的日常用品不一定很昂贵，但是最适合自己；她们的生活不一定很复杂，但一定会过得舒适；她们的容貌会变老，但心态永远年轻。"清水出芙蓉，天然去雕饰"，一个女人无论怎样修饰自己，都应到达这样的境界。这种品位，才是一种婉约而持久的美丽。

时间不是美丽的敌人，而是美丽的经纪人，她让美丽在不同的时刻呈现出不同的状态，时间轻轻扫去我们脸上的红颜，但同时也给了我们一种永恒的化妆品——气质。

请不要丢掉你的气质，她才是你最动人之处。这种由内而外散发的气质是女人性感美的一种展现。这样的美是一种整体感受，一个美貌绝伦、身材曼妙的女人，倘若萎靡不振，或者举止粗鲁无礼，那么气质根本就无从谈起。也正因为如此，总有一些女人年近古稀仍气度不凡、谈吐优雅、仪态万方，被大家惊视为诠释美丽的罕见注解。

气质的修炼，是一门艺术，需要岁月的积淀，是经历一些事情，有了丰富阅历之后的很自然的一种魅力显现，是宠辱不惊的从容和大度，是懂得感恩、容易满足的心情。这些，不是与生俱来的，是一种修养，是知识和经历的体现，通过不断积累、日益强化，渐渐地成为我们生命里的一部分，成为我们灵魂里最闪亮的东西。而随着年龄的增长，逝去的是青春和我们的容颜，留下的就是永恒的优雅不老气度。如同天空，宽容而博大；如同阳光，灿烂中渗透着亲和；如同月亮，没有火样的热情，却有一股清凉的余辉让你产生无尽的遐想。

# 3

"愿你生命中有够多的云翳，来造成一个美丽的黄昏。"冰心的话里透着哲理。老艺术家秦怡，虽经历了来自婚姻和家庭的不幸，但她那种优雅的举止，坦然的目光，淡定的神态，是别人模仿不来的。

岁月不会因为人们的留恋而停滞，光阴也不会因为人们的意愿而倒转。昨日，还是青春韶华，今日，便已是岁月苍老。时光，只是一个转身的距离。既然我们无法对抗岁月的无情，那么，何不以一种美丽的姿态，从容地面对老去？

我们所要做的是每一天清晨，推开窗，让第一缕阳光照进心怀，打扮好自己，轻盈地走在洒满晨光的路上，让路边的树木，城市的容光，匆匆的行人，都变成眼中的风景。一天天，一年年，就这样从物欲中走出，从繁华中走过。淡定、从容、宁静地走下去，心中满是对生活的欢喜，对生命的热情。

生活需要沉淀，生命需要淡定，更需要灵魂的云淡风轻。面对衰老，经过岁月的洗礼，让我们能活得通透、平和、宁静、优雅。

　　岁月可以夺走财富、金钱、地位，夺走美貌年华和青春岁月，甚至夺走健康的体魄，但它夺不走一个人沁入骨髓的高贵优雅。那么，就让我们顺从岁月，翻开本书，任光阴荏苒，任青丝染成白发，平静地直面逝去的时光。以一份从容的淡定，品味每个季节的独特芳香，以一份淡然的心态看云卷云舒，看花开花落，把那份美丽融化在生命中，跨越生死优雅地老去……

# 目 录

第一章

 以健康打底，学会保养，投资美丽

# 1.爱惜身体，亚健康是女人的杀手

如今，很多女性都把一个"忙"字，作为三句不离嘴的口头禅。那些朝九晚五的女性白领们更是四季恒温，一张办公桌、一台电脑、一大堆数据，总有那么多做不完的事情。工作的紧张、人际关系的淡漠，最后也导致女人的身心压力越来越大，常常处于亚健康状态，而亚健康正是女人气质的一大杀手。

作为公司经理的丽文，每天能够准时上班对她来说相当重要，可她家离公司又很远，所以每次看到打卡机上显示8点30分的时候，她的心里就异常烦躁。

每次遇到堵车或者是下雨天，丽文还没有到公司就觉得心情差到了极点，如果不幸迟到了，那么这一整天她都提不起精神来。可是很多时候，她明明没有迟到，心情却也好不起来。看到什么事情都不对，"烦死了！"都快成她的口头禅了。

而公司的同事们也在背后议论她，说什么"经理是不是提前进入更年期了？""不会得了抑郁症了吧！"之类的话，每次丽文听到这些话时，心里都很难过。

最后，丽文不得不回家养身体。然而回家后，她又对自己的工作放不下心来，虽然在家休息了几天，她却觉得身体依旧很疲惫，怎么也缓不过来。

常言道："身体是革命的本钱。"一个人如果没有一个健康的身体，那么他做什么事情都是白纸一张。所以，只有有了好的身体，做其他的事情也才有了资本。

很多女人觉得只要自己不生病，身体就是健康的。其实不然，如果你动不动就爱生气，那你可能就要小心自己的身体了，因为积压在内心的情绪往往会成为身体亚健康的导火索。

下面我们一起来识别一下亚健康的信号：

**信号一：眼睛发酸、干涩，看起来没"电力"**

如果你觉得眼睛酸痛、发胀、干涩、视力模糊，别人看你也觉得眼睛无神，就说明你的"电眼"魅力不再，这是疲劳产生的结果。

人的眼睛是一个很耗气血的器官，中医说，"五脏六腑之精气皆注于目"，眼睛发挥主要是"看"的功能。然而看得久了，气血损耗，眼睛的各项功能都会减弱，包括调节、润滑、视物等。

给眼睛充电：上学的时候做的眼保健操还记得吗？闭上眼睛，在眼周穴位按摩5分钟，再睁开眼睛时，你会感觉眼睛明亮多了。或者将双手掌心搓热，然后按在眼皮上，不断反复，5分钟后也能达到同样的效果。

**信号二：咽喉痛，声音沙哑，听上去像老了5岁**

咽喉出现如烧灼般的疼痛，尤其是在吃东西的时候，情况会特别严重，不仅说话费劲，大家还会说你的声音太过沙哑，有些像公鸭嗓子。如果存在这些情况，那么一定是你太累了。90%的咽喉疼痛源于喉部组织的感染，而且经常为病毒性感染。

人在劳累时，体内的细胞免疫功能会下降，血液中的细胞因子错误地接受了病毒，于是，感染就在离外界最近的器官——咽喉出现了。当然，环境干燥、过度用嗓、抽烟也起了点推波助澜的作用。

润喉利咽一下：先用小热水袋热敷喉咙，可以有效促进血液循环，减轻疼痛；然后每隔几小时喝一杯加半匙海盐的温水，或是一片维生素C漱口，有消炎的作用。如果方便，还可以再喝一杯酸奶，酸奶中含有嗜酸乳杆菌，是体内的良性菌，可以帮助消灭病毒。

**信号三：头晕头痛，总是一副小愁容**

最近经常头痛，看起来总是一副双眉紧锁的愁容，如果是属于无病因的头痛,那么很可能就是疲劳。当疲劳出现时,说明你精神紧张、情绪焦虑已经有一段时间了。

大脑是神经最集中的器官,紧张时神经会呈现兴奋状态,需要血液、氧气补充,长期紧张兴奋,大脑会出现供血不足,造成神经性头痛。

给神经充电:双手食指或中指按在太阳穴部位,反复以顺时针和逆时针方向按摩5分钟,可马上缓解疼痛,但最根本的还是要去除疼痛源。无论是紧张还是有压力,皆因过不了自己这一关,其实都放下了又能怎样?人生做不成的事有很多,健康永远是第一位的。

**信号四:肩颈部发僵,动作像机器人**

如果你感觉脖子、肩膀僵硬,头部维持在一个姿势不敢活动,像个机器人一样,这就说明你的颈椎严重过劳了。

颈椎、韧带、肌肉间是一个稳定的结构,一旦长期保持一个姿势,颈椎就会退化,韧带就会松弛,肌肉也会痉挛,造成颈椎疲劳,放散到肩颈部,就出现了僵硬麻木。

放松肩颈:降低电脑桌的高度,女性最适合的高度是67厘米,这样可以保证颈椎的自然弯曲,并放松颈部肌肉。

同时调整坐姿,让肩胛骨靠在椅背上,双肩放松,下巴抬起不要靠近脖子。

另外,每隔1个小时休息5到10分钟,做一做颈椎保健操,包括颈椎前伸后仰、左右摆动、顺逆时针环绕六个动作。

**信号五:食量大增,你的外号改叫"大胃王"**

这两天突然食量增加,特别喜欢高糖和厚味的食物,午餐必加一道甜点才能满足。

疲惫者总是特别爱吃甜点等碳水化合物,可能是由于此类食物能快速填饱肚子,因此疲劳也会降低自控力,更多地选择巧克力而非胡萝卜。

而且劳累会扰乱体内血糖水平,导致身体产生更少的抑制食欲的激素和更多的刺激食欲的激素,结果就造成了过量饮食。

营养补给站：吃一点甜味水果吧，例如蓝莓、樱桃、石榴、草莓。它们一样很甜，且比甜食更好；充满水分，可以帮助身体补水；富含维生素，能让体内的营养更均衡；含抗氧化物，可以避免疲劳把你变得衰老。

**信号六：记忆力下降，同事都笑你"老了"**

曾经，客户资料在你的大脑中存档，随用随取，然而最近，无论干什么都得拿着记事本——记忆力下降，其最大的可能就是脑疲劳。

血液是大脑的营养来源，当你长期处于饱食、吸烟、在污浊的空气中工作、持续感觉紧张和压力时，大脑得不到充足的营养供应，脑细胞将产生疲劳，你就会记不住事，注意力不集中。

给大脑充电：早餐吃个苹果。早晨醒来时大脑最缺乏营养，所以要吃一顿丰富的早餐为大脑补充能量，而且要吃一个苹果。美国研究人员发现，苹果能增加大脑神经传递素——乙酰胆碱的含量，提高记忆力。

**信号七：一点小事也生气，人际关系有些紧张**

近期的你有点焦躁，会为了一点小事发脾气，大家都不敢惹你了。不会早更了吧？不要过度联想，你大概只是累了。疲惫的大脑会储存更多的消极记忆，当我们感觉疲惫时，会更容易闷闷不乐，科学家甚至认为，疲倦者的行为表现与抑郁症患者非常相似。

滋养情绪：喝一杯玫瑰花茶。玫瑰的香气可以解忧，帮你忘记烦恼。同时，玫瑰有活血、通络的作用，能促进血液运行，增加大脑血液供应，帮助大脑恢复活力。如果再加一点绿茶，那抗疲劳、抗氧化的效果就更好了。

**信号八：关节疼痛，兰花指有点僵**

早晨起来手指关节发硬，活动或按压关节时有疼痛感，这可能是疲劳导致的关节炎。关节长期劳损，加上夜晚温度低、湿气重，早晨就会疼痛。

给关节充电：用红花煎水泡10分钟，或热毛巾敷一下就好了。最关键的是，在工作中要经常做手指放松操，以缓解关节疲劳。

**信号九：口气不好，你说话时别人都侧着脸**

这两天说话时，别人都有躲闪的表情，后来自己也发现了：口气不太好。

5

如果你定期洗牙,应该和牙周病无关,是你最近太累了。当身体疲劳时,体内器官功能也会减弱,例如消化不良,食物郁积在肠胃,此时口中会散发出食物发酵后的怪怪的酸腐气味。

给肠胃减负:吃两天素食,即使不能完全吃素,也尽量在饮食中多吃蔬菜。大豆、蔬菜、水果等食物可以保持血液呈弱碱性,减少血液中乳酸、尿素等酸性物质的生成,让体味更清淡。劳累时尤其要少吃肉、多吃菜。

**信号十:睡醒了还困,看起来没精神**

昨晚睡满了8小时,但早晨起来还是觉得困,人看起来也没精神。几乎所有疲劳人群都经历了漫长的试图睡而不成眠、翻来倒去的梦境、不解乏的睡眠。这是因为大脑在感觉到疲劳时,神经已经兴奋太久,甚至出现了功能紊乱的现象。在进入睡眠时,神经不能放松,依旧在混乱状态,脑力也就不能恢复。

给睡眠充电:解决睡眠焦虑。很多时候,睡不着是因为心里有根弦一直绷着,放松不下来。听听音乐吧,下载一些有助于睡眠的轻音乐,你就能在自己喜欢的海浪或雨声中入眠了。

总之,女人不要以为自己的身体很结实,能耐得住情绪的长期"折磨"。人的健康有时候就像婴儿一样,也需要人的呵护和保养。否则,等到自己的健康"生病"的时候,你都无法预料它会给你的身体带来怎样的危害。一个长期呈现病态的女人,也不会有什么柔若无骨的美感,更不会像林黛玉那样让人怜惜。因此,千万不能忽视"亚健康"中的"亚"字,把"亚"去掉,拥有一个真正健康的身体,对女人而言很重要。

## 2.呵护乳房，珍惜造物主的馈赠

　　毫无疑问，女人最美的身体特征是双乳，不管在哪个时代，女人的酥胸都被视为爱情的王冠、情感的宝座。

　　人类的观念塑造了乳房今天的形状，浑圆、丰满、挺拔。这个世界上，还有什么东西的尺寸和形状被要求得这么苛刻？标记它的大小，不仅需要数字和字母的复杂组合，还必须冠以审美、情色、艺术、商业、心理等许多方面的内容。乳房的大小和生理功能本来没有什么必然的联系，但是女性在胸部尺寸大小中的努力却几乎可以写一部历史了。

　　可是，乳腺癌却是摧毁这一美好事物的一大黑手。

　　乳腺癌已跃居我国城市女性恶性肿瘤的前两位，高发年龄在40～49岁，整整比西方国家早了10年。国外发病率虽高，但多是老年妇女，而我国发病的女性正值壮年，她们的患病，给社会和家庭带来的损失尤其惨重，所以，乳腺癌应该引起中年女性自己、其家庭和整个社会的高度重视。欧美乳腺癌的发病率很高，差不多是1/10，我国还处于较低水平，但令人担忧的是，我们的增长速度太快，每年递增2%～3%，增速超过了欧美。我国乳腺癌的病发还有一些突出特点：城市高于乡村，发达地区高于不发达地区，知识层次高的多于知识层次低的，收入高的多于收入低的。

　　鉴于我国生活水平迅速提高、饮食和生活方式的改变等原因，乳腺癌的高发是不可阻挡的。乳腺癌高发不可怕，可怕的是我们不能及早发现。据介绍，早期病人，10年生存率能达到70%～80%，而晚期病人，10年生存率只有30%～40%。发达国家发病率高，死亡率却在下降，这是由于他们开展了乳腺癌普查，早期病人发现率能达到80%以上；而我国，就算是在北京这样的大城市，早期病人发现率也只有30%左右，晚期病人超过一半。

7

那么，防乳腺癌从什么时候检查才算早？有医生建议说是40岁，有的说是30岁，其实，应该是20岁。

从20岁开始，女性就应该开始关注和呵护自己的乳房，每月自查乳房一次，每3年到医院做一次乳房检查。40～50岁的女性，每隔一两年检查一次。50岁以上的女性，应每年进行一次乳腺健康检查，有良性乳房疾病的人，则应半年检查一次。

肿瘤学专家认为，人体中的细胞从正常状态一下病变到癌细胞是不可能的，它们之间有一个由量变到质变的渐进过程，这个过程可能是5到10年。如果能在细胞病变的萌芽状态就发现它，也许只需要做一个小手术，你仍可以继续以往的生活，因为早期乳腺癌的治愈率在90%以上。而中晚期乳腺癌患者，大多会失去美丽的乳房，更有甚者还会失去无比珍贵的生命。

以前，医学专家和媒体都非常强调女性应该对乳腺进行自检，但美国在2005年对癌症早期诊断的指南，已不再推荐将定期乳腺自检作为乳腺癌的早期诊断方法。这并不是否认自检乳房的重要性，而是因为多数患者并没有掌握到"自检手法"，从而导致很多肿瘤根本摸不出来。

另外，乳房自我检查只能发现大到一定程度的肿瘤，对于细小的，特别是处于萌芽状态的病灶则束手无策。因此，自检只能作为发现肿瘤的一个辅助手段，更重要的还是到医院接受定期检查。

B超、X光都是乳腺癌最常规的筛查诊断方法，B超检查更适合40岁以下的年轻女性，因为年轻女性的乳腺腺体一般较为致密。当X光成像时，致密的腺体可能使部分组织被遮挡，这其中也包括肿瘤组织，容易漏诊微小病灶。而X光更适合40岁以上的女性，尤其是一些高危人群，如高龄初产妇、乳腺既往有良性病变、长时间服用雌激素的人群。

对于乳腺癌，做好预防工作是最重要的。患了乳腺癌也不用过于恐惧，乳腺癌是目前实体瘤疗效最好的肿瘤之一，许多人接受治疗后都能重返工作岗位。

### 3.沐浴，女人的一场奇异梦境

一位女作家曾经用大段的笔墨，描述了她记忆中的一次童年沐浴经历："那木盆里的裸体沐浴，揭开了我生命中的一层帷幕；我的躯体是那样舒畅，那样自由，我几乎在木盆中沐浴了三个小时，直到太阳西斜，直到母亲将我的身体裹进一块花布里。作为浴巾，那块花布，那块20世纪60年代末期的花布裹住了我的奇异梦境。这是我在木盆中的一场沐浴，它让我敛紧了一种记忆。我想，如果我感受过天堂，那那只木盆中飘着的香草，四周弥漫着的阳光就是我的天堂世界。"

可见，一次美好的沐浴，对于女人的心理影响非常大。

水除了饮用之外，另一个作用就是洗濯，后者从很早就开始升华，成为人们洗清自己心灵的一种象征性途径。在中国，在3000年前成书的《易经》里，就有"圣人以此洗心，退藏于密"的说法，洗濯成为人们加强自己心灵修养的手段。

作为女人，你会洗澡吗？估计听到这话，很多人一定会笑倒。可对于女人来说，有些敏感部位应该怎么清洗，还真有些讲究。有些人生怕洗不干净，一个劲儿地搓，有些人却经常忽略它们，其实二者都不可取。

颈部、耳后是污垢最容易堆积的部位，爱清洁的人常会使劲地搓洗，但要注意，颈部容易生长一些小的丝状疣，这些丝状疣一旦被搓破，就会引起感染。因此，在清洗这些地方时，应用手指指腹轻轻向上来回搓揉。

腋下汗腺丰富，洗澡时不可用热水刺激，也不宜用澡巾大力搓洗，可抬起胳膊用温水冲洗。因腋下皮肤组织比较松弛，所以女性在沐浴时，可以把沐浴液揉出丰富泡沫后清洗，再以指腹按揉，促进血液循环。

女性要常用温水清洗乳头，但要注意保护乳房，不可用力牵拉乳房及乳

9

头,不可用力搓揉,应以一手往上轻托乳房,另一手指腹按顺时针方向轻揉。孕妇可在浴后抹些橄榄油,以使乳房皮肤滋润而有韧性,分娩后更经得起婴儿吸吮,否则易发生乳头皲裂。

对女性来说,会阴部的清洁十分重要,应每天都用清水冲洗,及时去除排泄物、分泌物,也可用性质柔和的洗护用品清洗。女性洗浴时应分开大小阴唇,由前往后清洗分泌物。

淋浴时,还应该用温水冲洗腹股沟,并用两根手指的指腹从上向下抚摩轻搓腹股沟,肥胖者则要拨开褶皱仔细搓洗。

此外,这些部位最好不要用搓澡巾搓洗,可用柔软的浴绵代替。

在经历了一天的忙碌之后,女性如果能舒服地洗一个澡,宛如经历了一场奇异梦境般惬意,有助于缓解一天的疲惫和紧张。

那么,女性最完美的洗澡方式是什么呢?

(1)全身放松,浸入色彩斑斓、芳香四溢的泡泡浴中,唤醒你所有的感觉。

(2)将等量的按摩油和无味的清洗液相混合,倒入手中,将这种混合物涂在你的胳膊上,做一次迷你芳香疗法按摩。

(3)用薰衣草盐擦洗身体,然后洗一个热水澡,这会使你肌肤柔嫩,睡眠充足。盐会使水充满芳香,油会使肌肤保持湿润。

(4)把热水倒入碗内,再放一些沐浴胶。把双手浸入其中,手心要朝上,这时你会感觉体内的压力全部被释放了。

(5)将两汤匙小苏打、一杯浴盐和十滴薰衣草精油混在一起,放入充满热水的浴缸里。

# 4.小心！花儿般的身体正在"发霉"

"霉菌"是一个颇让女性头痛的敌人，75%的女性一生中至少患过一次霉菌性阴道炎。发生率如此之高，原因很简单：女性的阴道PH多在3.8～4.4范围内，是一个偏酸性的环境，而且阴道内部温暖潮湿——这些造就了一个适合霉菌生长的环境，也难怪霉菌总是寻找时机入侵阴道，大量繁衍，引起霉菌性阴道炎。霉菌性阴道炎令女性白带异常，外阴瘙痒，坐立不安，苦不堪言。

其实，我们的身体在"发霉"之前，还是会有些"红灯"警报的，只要能够引起警惕或注意避免，就可以做到有效地预防霉菌性阴道炎。

**危险警报1：滥用抗生素**

抗生素俨然成了现代社会的普及药物，殊不知，抗生素使用不当、滥用广谱抗生素可能产生严重的后果，因为它们在杀灭致病菌的同时，也抑制了部分有益菌群，而未被抑制的和外来耐药菌就会乘机大量繁殖，这其中就包括霉菌。

放弃滥用抗生素吧！咳嗽、发热、头痛等症状很有可能不是细菌引起的，即使是细菌引起的，盲目地使用广谱抗生素也似乎杀伤面太广了一点儿。

**危险警报2：足癣、灰指甲等**

霉菌可以在阴道、皮肤表面、胃肠道、指甲内等地方大量繁殖，引起霉菌性阴道炎、皮肤真菌病、胃肠炎、灰指甲等疾病，这些部位寄生的霉菌还会互相传染，比如足癣、灰指甲、胃肠道的霉菌可能是引发阴道炎反复感染的根本原因。为了防止霉菌的交叉感染，内衣裤一定要单独清洗。

**危险警报3：过度清洁**

讲究卫生也有错？对，清洁不当、清洁成癖也会埋下霉菌感染的隐患。频繁使用妇科清洁消毒剂、消毒护垫等，会破坏阴道本身的微环境，使平衡失调,降低了阴道的自我抗菌能力,使霉菌易于入侵而引发疾病。没什么特殊情况时,用清水清洗外阴就行了,没必要大费周章地使用消毒洗剂、药物洗剂等。此外,每天换洗内裤也很重要。

### 危险警报4:怀孕

女性在处于妊娠期时,机体的免疫力会下降,性激素水平偏高,阴道组织内糖原增加,酸度增高,有利于霉菌生长。此外,妊娠期时升高的性激素还有促进霉菌生成菌丝的作用,菌丝是霉菌伸出的"魔爪"——可以帮助霉菌侵袭阴道组织,引起阴道炎。怀孕期间发生霉菌性阴道炎,需要特别注意的是,以局部治疗为主,尽量避免使用口服药物,可以使用克霉唑栓剂、硝酸咪康唑栓剂等,以7日疗法效果最好。

### 危险警报5:洗衣机

洗衣机也暗藏霉菌?日本大阪环境科学研究所的专家对153台洗衣机进行了调查,结果不容乐观:几乎每台洗衣桶内都有"霉菌军团"!衣服上发现的霉菌大部分也来自洗衣机桶,而且洗衣机用得越勤里面滋生的霉菌就越多!霉菌对干燥、阳光、紫外线及化学制剂等抵抗力较强,不过不用担心,对付洗衣机里的霉菌有一个百试不爽的杀手锏——用60℃左右的热水清洗浸泡洗衣盆!原来霉菌惧怕高温,它们在60℃以上的水中无法生存。

### 危险警报6:公共用具

有的女性穿着短裙坐长途大巴也会感染上霉菌性阴道炎,这听起来似乎有些不可思议,但医院里确实有这样的病例。公共场合里的一些设施,如公共汽车上的坐垫、宾馆里的抽水马桶和浴盆、卫生不佳的床铺等,都有可能隐藏着大量的霉菌,女性在接触后可能会引发霉菌性阴道炎。

出门在外,留个心眼就对了!比如不要使用宾馆里的浴盆,穿着长的睡衣睡裤,使用抽水马桶前要垫上卫生纸等。

### 危险警报7:食用避孕药

部分女性食用避孕药后容易反复发生霉菌性阴道炎,因为避孕药中的雌激素有促进霉菌生成菌丝的作用,导致霉菌进一步侵袭阴道组织。如果反复发生霉菌性阴道炎,就尽量不要用药物避孕,改用其他的避孕方法吧。

**危险警报8:他**

阴道内的霉菌也可以通过男性的生殖道感染。当霉菌寄生于男性生殖道时,由于男性生殖道较为干燥,也没有霉菌喜爱的酸性环境,因此并不会产生明显的霉菌感染症状,但男性体内的霉菌孢子可以再次传染给女性,造成性交引起的直接传染,如此循环往复,可能是女性霉菌性阴道炎反复发生的原因。如果你感染上了霉菌性阴道炎,需要治疗的不仅是你,还有你的他,双方同治才会达到预期的疗效。

**危险警报9:紧身化纤内裤**

紧身化纤内裤的弊病多多,它可以使阴道局部的温度以及湿度增高,又闷又热的环境更是让霉菌拍手称快,成为其大量繁殖的"居住"环境! 为了健康,多穿棉质等天然面料的内裤,用实际行动来呵护身体、关爱健康,你会活得更加自在!

# 5.好的睡眠犹如一场甜蜜的恋爱

张小娴说:"睡眠跟恋爱相似。"人的一生中,有1/3的时间是在睡眠中度过的。莎士比亚将睡眠誉为"生命筵席上的滋补品";美国医学教授威廉·德门特说"睡眠是抵御疾病的第一道防线";世界卫生组织更是将"睡得香"定为衡量人体健康的标准之一。但调查显示,有不少人患有睡眠障碍或与睡眠有关的疾病。

越来越多的证据表明,睡眠质量可能影响心脏健康,对女性健康的影响尤为严重。在女性人群中,睡眠质量不高或难以入睡者通常会承受更多的心理压力,血液成分也易呈现Ⅱ型糖尿病迹象。

研究人员发现,这些睡眠质量不佳的女性,有的每星期失眠两晚,有的每晚需半小时以上才能入睡。空腹检测结果显示,她们体内胰岛素含量高于常人,身体更容易出现炎症,血浆中纤维蛋白原也会增加。更为可怕的是,第三个特征通常为中风的前兆。不仅如此,睡眠不足的女性还容易出现抑郁、敌意、躁怒等心理症状。

由此可见,失眠问题可能不是单一的睡眠障碍,也反映了女性身体存在的健康危机。

如何才能睡得好,专家和健康类的书籍已经给过我们太多的指导,在这里只说说最重要的6点。

(1)睡前不饮酒,不抽烟,不喝含咖啡因的饮料。晚餐时间不宜太迟,而且要少吃油腻的食品。

(2)白天要保证一定的运动量,让自己有适当的疲劳感。不少患者之所以失眠,多是因为他们精神活动超负荷,而体力活动不足。

(3)睡觉前泡个热水澡,或者用热水泡脚。因为手脚暖和后,人会更容易入睡。

(4)别把白天的烦恼带上床。睡前让自己的心情保持平静,听听令人舒缓放松的音乐,能帮助你坦然进入梦乡。

(5)让床的作用"单一化",少在床上看书、打电话、看电视。经常在床上进行其他活动,会破坏定时睡眠的习惯。

(6)别错过最佳的睡眠时间。研究发现,慢波睡眠是最佳的睡眠状态,而慢波睡眠大多出现在上半夜。错过了进入深度睡眠的最佳时间再入睡,就很容易导致醒后疲劳、睡不安稳、睡眠质量下降,从而引发失眠。

另外,食疗一直是我们中国人特别重视与推崇的养生和治疗方式,下面推荐几种有助于睡眠的食物。

(1)牛奶:牛奶中含有色氨酸,这是一种人体必需的氨基酸,有助睡眠的作用。此外,牛奶中丰富的乳糖、氨基酸以及矿物质和维生素,能有效缓解脑细胞的紧张状态。

(2)红枣：红枣营养丰富，有养胃健脾、补中益气的作用。失眠患者可用红枣30克到60克，加白糖少许煎汤，每晚睡前服用。

(3)龙眼：龙眼又称桂圆，有很高的营养价值。研究发现，桂圆肉对脑细胞有一定的营养作用，能起到镇静、安神、养血、抗衰老等功效。龙眼肉15克加糯米100克，煮一碗龙眼肉粥于晨起或睡前空腹食用，既能安神又能补脾。

(4)莲子：莲子有养心、安神、补脾等功效，对心悸、失眠、腹泻等病症都有一定的疗效。心烦多梦的人可用莲子芯30个，加盐少许，用水煎服。

(5)百合：百合能延长睡眠时间，提高睡眠质量，特别是对由于病后体虚、神经官能症导致的失眠，有改善作用。每天喝一碗红枣莲心百合汤，能起到安神助眠的作用。

(6)金针菜：金针菜又名忘忧草、黄花菜，有清热利湿、凉血解毒等功效。无论是用于烧菜还是煲汤，食用后都有利于人的安眠。

(7)醋：当你过于劳累难以入睡时，不妨取食醋1汤匙，兑入温开水内服用，能有效帮助入睡。

人一生中有三分之一的时间是在睡眠中度过，据说人如果连续五天不睡觉就会死去，可见睡眠是人生命中重要的组成部分。睡眠作为生命所必需的过程，是机体复原、整合和巩固记忆的重要环节，是保持身体健康不可缺少的环节。而最重要的是，倘若睡眠不足，精神不够，那么一个本来再有气质的女性也容易给人萎靡不振的印象。而一个萎靡不振的女子，又何来气质可言呢？

据世界卫生组织调查，全球27%的人有睡眠问题。其中失眠的女性比男性多，但只有4%的人会去看医生。30～60岁的女性每日平均睡眠时间只有6小时41分钟。另外有调查显示：45～65岁的女性，每日平均睡眠5个小时的女性要比平均睡眠8个小时的女性，心脏疾病罹患率高出39%。失眠还有可能增加饥饿感，从而影响身体的新陈代谢，导致保持或减少体重变得困难。同时，失眠还会对她们白天的行为能力造成影响。究其原因，独特的生理特性和不

15

健康的生活习惯、过重的精神压力都是导致女性失眠的重要原因。

必须注意的是，失眠对女性健康有着多重危害。研究结果显示，那些失眠或是睡眠过多的女性，患心脏病的风险比每晚有规律地睡好8小时的女性要高很多。

研究人员在长达10年的时间里对7.1万名女性进行调查发现，那些每晚只睡5小时或更少的人，冠状动脉变狭窄的风险比每晚得到8小时充足睡眠的人要高45%。排除吸烟和体重等因素，同睡眠8小时的女性相比，平均每晚睡眠6小时的女性得心脏病的风险要高18%，睡眠7小时的女性患这种病的风险要高9%。然而，美国波士顿布雷格姆女王妇产医院研究人员发表在《内科学文献》上的文章令人感到意外，它说，每晚平均睡9～11小时的女性患病的风险也高达38%。所以既不能过少，也不能过多，充足且适当的睡眠是健康的保证，要提高睡眠质量，首先要做的就是改变不健康的睡眠方式。

女性的下列睡觉方式不健康：

(1)戴手表睡觉

戴手表睡觉，不仅会缩短手表的使用寿命，更不利于健康。因为人在入睡后血流速度会减慢，而戴表睡觉会使腕部的血液循环不畅。如果戴的是夜光表，还有辐射，辐射量虽微，但长时间的积累可导致不良后果。

(2)戴假牙睡觉

装了全口假牙的人，在形成习惯前，可戴着假牙睡觉。可一旦习惯后，就应在临睡前摘下假牙，将其浸泡在清洗液或冷水中，早上漱口后，再放入口腔。

(3)戴胸罩睡觉

调查显示，戴胸罩睡觉易导致乳腺癌，因为长时间戴胸罩会影响乳房的血液循环和部分淋巴液的正常流通，不能及时清除体内的有害物质，久而之就会使正常的乳腺细胞癌变。

(4)带手机睡觉

手机在开机过程中，会有不同波长和频率的电磁波释放出来，形成一种电子雾,影响人的神经系统等器官组织的生理功能。国外研究还表明,手机辐射有可能诱发细胞癌变。

(5)带妆睡觉

带着残妆睡觉,化妆品会堵塞肌肤毛孔,造成汗液分泌障碍,妨碍细胞呼吸,长此以往会诱发粉刺,损伤容颜。睡前彻底清除残妆,不仅可保持皮肤润泽,还有助于早入梦乡。

(6)微醉入睡

一些职业女性的应酬较多,常会伴着微醉入睡。医学研究表明,睡前饮酒,入睡后易出现窒息,一般每晚两次左右,每次窒息约10分钟。长久如此,人容易患心脏病和高血压等疾病。

除了这些不健康的睡眠方式会影响睡眠质量外,不健康的生活方式也会影响睡眠。生活中,改善睡眠质量需注意以下几个问题:

(1)少喝含咖啡因和含酒精的饮料。

(2)借由精神上的放松、规律的运动,重新培养定时睡眠的习惯。

(3)适度暴露于日光之下,帮助调节生理时钟。

(4)每天清晨起床后散步半小时,帮助调节睡眠形态。

(5)用遮光性强的窗帘。

(6)吃得太饱时不要立刻睡觉。

(7)睡前两小时不进食(可以喝水),特别不能吃含纤维素高的食物。

(8)睡前一小时不做剧烈运动,睡前半小时不看过于伤感的小说、电影、电视剧。

(9)养成用热水泡脚、洗澡的好习惯。

(10)睡前沐浴,这样不仅可以缓解压力,还可以促进新陈代谢。

(11)选择合适的床上用品。

(12)保持卧室内合适的温度、湿度。

(13)不要将闹钟放在距离身体太近的地方,它的"嘀哒"声毫无疑问是种干扰。

大家都知道，睡前喝一杯牛奶有助于入睡，但对于牛奶过敏的女性，吃一个苹果也同样管用。另外，平日多食用一些可以提高睡眠质量的食物，如红枣、百合、小米粥、核桃、蜂蜜、葵花子等都可以提高睡眠质量。或者将牛奶和燕麦片放在一起同煮，不仅可以作为晚餐时候的粥品，同时还有安神催眠的作用。

总之，与其治标不治本地服用安神类药物，远不及健康饮食、健康生活来得重要。只有那些看似繁琐却最天然的手段才能对我们的身体产生毫无副作用的效果。在这里值得一提的还有，睡眠过多也容易引起心脏病，因此，每天8小时的睡眠无疑是最科学、最有效的保健方式。

如果睡不着觉，尽量不要吃安眠类药物，因为此类药物的依赖性很大，一旦养成习惯就很难摆脱。不如采取食疗的方式，坚持散步和正常运动，保持舒适卫生的生活习惯。只有健康的睡眠才能在带来强健体魄的同时，令女人容光焕发，这就是人们把充足的睡眠叫做"美容觉"的原因。

# 6.女人关爱身体的25条建议

女人，一定要爱自己，而爱自己的第一步就是热爱自己的身体，但愿在看了这25条建议后，大家都能一点一点地按照这个建议来做，只有行动才能让你的身体更加健康有活力！

(1)行动起来

专家发现，心脏病是与生活习惯最密切相关的疾病之一。调查发现，一个人越早开始呵护自己的健康，遵从健康的生活方式，就越可能远离心脏病的威胁。例如，如果一个人在30岁前彻底戒烟，那么与烟客相比，他将来患上心脏病的几率将降低70%。现在就开始积极采取行动,让生活全方位地健康起来。

(2)呼吸新鲜空气

锻炼是保护心脏的重要手段,但空气中的污染物颗粒却会使血管壁变厚,这样同样会影响心脏功能,增加心脏负担。每个人都知道锻炼的重要性,但进行锻炼的时间和方式则需要专业的指导, 比如应结合本人的心肺功能进行合理的运动量和运动方式选择,否则会得不偿失。

(3)返璞归真

生活可以追求细致,但也不必太过细致,因为我们的生活中已经有太多经提炼和包装过的东西。精细的白面和大米虽然口感不错,但是缺少纤维素的碳水化合物很容易让我们患上Ⅱ型糖尿病,也会使心脏负担成倍增加。

(4)不要吸烟

吸烟的危害我们就不再赘述了。反正别相信那些"社交工具"的借口,也没有所谓的"安全香烟",每天1至4根香烟的结果,是心脏病的发病率增加3倍,这还不包括其他损害。美国最新的调查更显示,所有淡味的香烟和其他香烟一样,对心脏功能百害而无一利。

(5)健康地吃

绿色是保护健康的好食物,花椰菜和菠菜对控制血压大有好处。还有富含omega-3脂肪酸的三文鱼和金枪鱼则能保护血管健康。研究人员表示,紫色的蔬菜,例如茄子和甘蓝等都有助于降低血压,是最大众化的健心食品,不妨多吃。

(6)保护牙齿

最近的一项研究发现,患牙龈炎、牙齿出血的人血管壁往往薄而脆弱,比牙齿健康的人更容易发生血管破裂。医生建议那些牙龈容易出血的人更该提前注意预防心脏病,而每天科学地刷牙也是爱护牙齿健康的重要方法。

(7)学会宽容

小小的善举常常能帮助人释放焦虑情绪和缓解压抑, 而压抑是心血管疾病的主要病因。美国研究人员通过30年的经验总结出，那些心胸宽阔、懂得宽容的人很少得心脏病。学会宽容并热心帮助他人，因为让自己心情平静和充满爱心也会让我们的身体保持健康状态。

(8)常食豆类

有些食物是不利于心脏健康的，比如高胆固醇食品、含盐量大的食品。还有些有药用功效的食品，比如现在禁止的麻黄类植物和苦橘等，都可使心率明显加快。而几乎所有的营养学家都会建议大众多吃豆类，看似平民化的豆中含有丰富的优质蛋白，而这些是健康心脏所必需的元素。

(9)重视自身感觉

女人，包括一些医生都觉得男性容易得心脏病，但实际上并不是这样，年轻女性死于心脏病的人数是男性的两倍，这说明了什么？女人经常忽略自己的症状，因而得不到及时的治疗。记住，男人们的典型症状是胸痛，而女人则会感觉背痛、胸口灼烧、恶心、心悸和疲劳。这些看似与心脏并不直接相关的症状，其实都是在提醒我们，你的心脏出问题了。

(10)笑口常开

"笑一笑，十年少"，这话说得很有道理，人只要心情好，多活十年完全没问题。大笑可以锻炼全身肌肉，加速血液流动，对心脏非常有好处。如果想有个好心情，不妨去看一档搞笑的节目，或者去看场喜剧电影，让自己尽情地笑一场，这样平时积蓄的那些不快也就烟消云散了。

(11)消毒杀菌

研究人员表示，飘浮在空气中的肺炎衣原体病毒，不仅能引起支气管炎和肺炎，对心脏健康同样有害。所以最好经常洗手，防止病毒和细菌的侵害。正所谓病从口入，心脏病也不例外。

(12)如果爱

经常想起你爱的人，可以减少抑郁荷尔蒙对身体的毒害，并提高心脏健康，这是最近加利福尼亚研究人员取得的研究成果。所以，生活在爱中的人，心脏更容易健康。这正应了那句老话，"爱别人就是爱自己"。

（13）给内脏减肥

经常测测自己的腰围和臀围，并用腰围除以臀围，若得数超过0.8，那么就说明附着在你内脏上的脂肪量已经超出正常范围了。而内脏一旦发胖，就意味着你的心脏负荷就更重。

（14）少吃止疼片

大部分镇痛类药物都有增高血压的副作用，比如服用超过500mg的醋氨芬就可使血压增高一倍。因此，如果你患有慢性疼痛，最好还是去看医生，根据医生的建议用药。

（15）少吃垃圾食品

如果你超重了，那你患心脏病的几率就比正常人大。所以尽量少吃垃圾食品为好，因为凡是这类食物，其卡路里含量都比较大。研究发现，如果一个人每星期少吃一次快餐或少去一趟餐馆，那么他平均一年内体重可下降10斤左右。

（16）安全性行为

有数据显示，性病对心脏的伤害较大。比如疱疹，它就可以触发血管壁的化学变化，从而使胆固醇有机会形成危险的血栓或肿块，所以安全的性行为不仅是对你的下半身负责，而且还关乎你的心脏安危。

（17）关心自己的健康指标

人体的某些指标能够估算出心脏功能的好坏，这些指标主要有胆固醇、血压和血糖。因此建议大家定期到医院检查一下，并懂得积极向医生提问，因为只有这样，你才能读懂那些深奥的指标，并根据自己的具体情况确定出最适合自己的健康方案。

（18）学会放松

想办法让自己放松，这很重要。压抑的情绪会硬化血管，减缓血液流动速度，从而进一步将你置于心脏病的危险之下。因此，建议你改变一下给自己加码的生活态度，试着让自己慢下来，闲暇时间不妨多练练瑜伽，这将对你的心脏健康大有好处。

(19)远离苏打

近几年,Ⅱ型糖尿病的发病率越来越高,这主要是饮食不当和生活不规律造成的,其对心脏的危害也很大。因此建议大家少喝高糖饮料,每天坚持喝水不少于5杯,这样可以稀释血液,降低血黏度,减轻心脏负担。

(20)正视抑郁

研究发现,抑郁症可能触发炎症,降低免疫力,严重的可导致血栓。更为不幸的是,抑郁的女性患心脏病的数量是男性的4倍。因此女性更应该重视抑郁症,因为长期的心情抑郁可能导致硬件上的损伤,心脏就是首当其冲的器官。

(21)锻炼

这一点其实不必多说,因为行动永远胜于雄辩。研究发现,每天给自己哪怕是一刻钟的时间出去走走,也能将患上心脏病的几率降低50%。

(22)调整饮食

世界上没有一种食物对心脏是完全好的,但你应记住,首先应该吃的一定是蔬菜,而后再关心蛋白质和碳水化合物。因为现代人的纤维摄入量普遍不够。

(23)爱上红色

这个世界上每一秒钟就有一位女性被疾病夺去生命,而心脏病更是女性健康的主要威胁。研究发现,苹果、西红柿、胡萝卜等红色食品对心脏健康好处多多,因此每天都应该吃一些红色食品。

(24)不要左右摇摆

如果体重忽高忽低,哪怕只是5斤,几年下来心脏也受不了。血液中胆固醇水平变化太快,心脏需要努力去适应。

(25)保证睡眠

充足的睡眠是一切健康问题的前提。研究发现,长期睡眠不足的人,其心脏病发病的几率会成倍增加。要维持身体健康,每天至少要保持7个小时的睡眠时间。

## 7."温暖"是女性最好的保养

在生活中，很多女性都会因为手脚冰冷而无法入睡，或者只要办公室的冷气稍微强一点，她们便感到腰酸背痛甚至肚子痛。这种手脚冰冷、血液循环不良的现象相当常见，医学上称之为雷诺氏症候群。实际上，这是气血流通障碍惹的祸。没有哪个女人不爱美，纵使没有倾城倾国的美貌，也总是希望有自然亮丽的容颜，但四肢冰冷是对女人健康和美丽的最大摧残。

女人如果受冷，手脚冰凉，血行则不畅，体内的能量不能润泽皮肤，皮肤就没有生气，面部也会长斑，所以很多女人皮肤虽像细瓷一样完美，却没有一点活力和青春，给人一种虚假的感觉。更可怕的是，女性的生殖系统是最怕冷的，一旦体质过冷，它就会选择长更多的脂肪来保温，女性的肚脐下就会长肥肉。而一旦气血充足暖和，这些肥肉没有存在的必要，就会自动消失了。

古代中医理论中说："温者，养也；温存以养，使气自充，气完则形完矣，故言温不言补。"这句话是说，温暖是女性对自己最好的呵护，女性温暖自己会使气血充足，而女性一旦气血充足就能使面容美丽、身体健康。可见，"温暖"对女性来说多么重要！

女人体质冷、手脚易凉和痛经是普遍现象，那么，究竟是什么原因导致这些现象出现的呢？

第一，为了减肥。很多女性只吃青菜和水果，肉类靠边站。其实，青菜、水果性寒凉的居多，容易使女性受凉。均衡饮食也少不了肉类，尤其是牛肉和羊肉，其中含大量的铁质，可以有效地为女性补血。

第二，为了美。有些女性用束身内衣把腰束得紧紧的，其实那一点用都没有。束得太紧，生殖系统没有血液供给，就会觉得更冷，这样反而会长更多的肉。

第三，不论春夏秋冬，很多女性都爱吃冰冻食品，尤其爱喝凉茶，觉得凉茶可以治痘痘。其实，很多女性长痘痘不是因为阳气太旺，而是因为阴虚，阴不能涵阳，与其损其阳气，不如滋阴更合适。南方喝凉茶多的省份如两广，女性生育之后面部长斑的情形更为严重。同时，现在流行生食芦荟，这其实很恐怖，因为芦荟中最有效的成分叫大黄素，是极其阴冷的物质。芦荟外用时可治烧伤，可想而知它有多冷，现代女性还是少吃为好。

要做"暖"女人，就应该多吃含铁量高或比较暖和的东西，如红烧肉、生姜、红枣、动物血等，有些好东西，像银耳、柠檬、笋等不要在月经期间吃；随时注重保温，不要喝太凉的饮料，多喝热饮；别老在空调房里待着，也别只要风度不要温度，秋凉了还穿露脐装。冬天最好的保温方法是泡热水澡，在热水里泡上30分钟，加上按摩，再冷的身体也热了。没法泡热水澡的，泡脚也行。再不行就整天捧一杯热开水，怀抱暖水袋。

当然，最好是主动让自己热起来，但过度剧烈的运动并不利于减肥，最有效的方法是腰腹部和大腿内部的拉伸运动，比如早上起来的压腿、前后下腰，总之是以腰部为重点做运动，不要太急促，否则一旦停下来，血会更多地淤积在腰部。专家推荐女性练瑜伽，因为瑜伽更注重呼吸，气行才会促进血行。

那么，女性在寒冷时要注意哪些保暖工作呢？

(1)注意脚部保暖。众所周知，人体的血液循环是靠心脏和肌肉的收缩、舒展来完成的。人的双脚离心脏较远，血液供应少，如果受凉，微血管会痉挛，从而进一步使血液循环量减少。另外，脚的表面脂肪少，保温能力本身就很差。脚的保暖关键在于锻炼和穿好鞋袜，保持鞋袜、鞋垫干燥。因为湿度能加剧双脚的温度散发，造成微血管痉挛、供血受阻和组织坏死，影响血液循环畅通。

(2)常伸懒腰。伸懒腰看似不雅，其实是一种非常有益的保健方法。伸懒腰时，人体会自然形成双手上举、肋骨上拉、胸腔扩大、深呼吸的姿势，使膈肌活动加强，以此牵动全身，并引发大部分肌肉收缩，于是将淤积的血液赶回心脏，从而达到加速血液循环的目的。另外，伸懒腰还能消除腰肌过度紧张，及时纠正脊柱过度向前弯曲造成驼背，从而保持健美体型。

伸懒腰是一种简单而易行的活动，它不受时间和空间的限制。女人在工作间隙，不妨多伸几次懒腰，以使自己精神振作，血液畅通。

(3)摄入足够的热量。漫漫冬季，女性由于阳气虚弱特别怕冷，要保证身体里热烘烘的，就要每天多吃些有御寒功效的食物来进行温补和调养，以起到温养全身组织、促进新陈代谢、改善血液循环的作用。中医认为，羊肉、狗肉、甲鱼、麻雀、虾、鸽、鹌鹑、海参、枸杞、韭菜、胡桃、糯米等，都是性温热，且御寒又有补益作用的食物。另外，要相对增加脂肪的摄入量，如在吃荤菜时注重肥肉的摄入量，在炒菜时多放些烹调油等。

(4)办公一族更要多运动。好多女性朋友上班时，一台电脑，一坐就是一天，除了手指在键盘上运动，身体其他部位稳如泰山，导致血液循环较慢，这也加剧了冬天手脚冰凉的现象。建议平常久坐或工作中长时间站立的女性朋友，应当有意识地让自己多走动，如伸缩手指、手臂绕圈、扭动脚趾、原地跳跃等，这些小动作可以恰到好处地把多余的热量释放出来，具有从内部"加热"身体的作用，促进血液循环。如果早上起来就活动一下身体，打开关节，可以让你一整天都精力充沛。

(5)缺铁性贫血一定要补铁。人体血液中若缺铁也会畏寒怕冷，所以含铁高的食物要及时补充。贫血的女性体温较正常血色素的女性低，产热量少，当增加铁质摄入后，其耐寒能力会明显增强。因此，因缺铁性贫血引起的畏寒的女性，可有意识地增加含铁量高的食物摄入，如动物肝脏、瘦肉、菠菜、蛋黄等。

(6)在生活细节上，女性也要随时注意。比如待在空调房中不要穿得太少，一件薄外套、一条小披肩都能保护背部。在体温较低的早晨喝杯热饮、热茶、热咖啡、热牛奶都不错。在你工作的办公椅上，放一个棉布坐垫，既舒服又暖和，还能防止冰冷的坐椅吸收人体热量。晚上看电视时，随意地披一条披巾在腿上，或随时活动活动腿脚，都是不错的方式。休息时好好泡个热水澡，在浴缸中撒一把盐会让你有意想不到的热身效果，盐能促进血液循环，使身体暖和。

打造美丽，就像是建造一座高楼大厦，是可以牵涉到方方面面的。而保暖，是每个女人都能做到，也极易做到的。

## 8.每周至少坚持2至3次的体育锻炼

生活中，很多女性都喜欢窝在家里，或者是奔走在公司和家之间，而进行体育锻炼的次数却少之又少。她们常常感到腰酸背痛，做什么事情都没有精神。其实，这些问题的根本所在是女性缺乏锻炼，没有青春的活力。所以，当你忙着做其他事情的时候，也该挤出点时间做一些体育锻炼了。

"锻炼身体？那是很久以前的事情了。"说起体育锻炼，大部分的女人都觉得那遥远，她们甚至觉得忙碌的生活中没有时间锻炼身体是很正常的事情。可是，和经常参加体育锻炼的女性相比，她们更显得没有活力，甚至是更显年老。所以，也有人这样说过："女人要想永远留住青春，就要从坚持运动开始。"

37岁的徐燕是一家房地产公司的销售经理，平时经常要不就在外跑业务，要不就是在自己的办公室里分析数据。虽然大学的时候她也很爱好体育锻炼，可是自从参加工作之后，她就很少再做运动了。

一次，徐燕遇到了大学好友谢静。谢静虽然带着两个孩子，但和徐燕站在一起还是显得很年轻，依旧像是二十几岁的小姑娘。当两人交谈的时，徐燕就顺嘴问了起来，"小静，你这么年轻有什么好的秘诀呢？"谢静当时就笑了，然后她问徐燕："你还在坚持一些运动吗？就像你大学的时候很喜欢的羽毛球。"徐燕愣了一会儿，说道："工作这么忙，年纪也大了，哪还有什么心思打羽毛球，最多也就是晚饭后散散步。"

谢静这才说："我以前也是和你一样的，可是我女儿要中考的时候要考体育，那段时间为了督促孩子，我也跟着她一起锻炼身体，慢慢地我就觉得自己比平时更有活力了，我的精神状态也好了很多，连我老公都说我年轻了。徐燕，你也该运动运动，体验一下运动带给你的好处。"

据哈佛大学研究显示，每天坚持运动一小时，就可以延长两小时的健康寿命；而每天只要积累5000步以上的快走，就可以减重缩腰塑形，造更健康的身体。所以，女性在自己年轻的时候更应该坚持一两项自己喜欢的运动，这样不仅让我们更有活力，也会让我们的心情随之放松。如果等到自己已退休了或者是年迈了才想起要运动，那就为时已晚了。

"运动？还要去健身房，哪有那时间和钱啊！"很多女性觉得锻炼身体就要去健身房，借助一些健身的器材才可以锻炼自己的身体。其实不然，锻炼身体就要去健身房是对运动的一种误解。生活中，锻炼身体的方式有很多种，比如晨跑、打羽毛球、爬楼梯、踢毽子、转呼啦圈等，都可以。而女性可以利用上班的路上、午休的时候、晚饭后的空闲时间等零碎的时间来锻炼自己的身体。当然，如果有条件去健身房那就更好不过了。

"锻炼身体？我也做了，老长时间做一次的，可是没见我多有活力？"一些女性明明也锻炼身体了，却也没觉得自己收到了想要的效果，于是就放弃了。实际上，锻炼身体不是一朝一夕的事情，需要长久的坚持，而且每个星期锻炼身体也保持在2至3次以上，如果可以天天做最好了，这样才会有较好的效果。如果女性一个星期就做一次运动，或者是半个月做一次运动，那么其最后获得的效果也不会很好。在锻炼身体的时候，女性也可以选择几项自己喜欢的运动交替进行，比如游泳、慢跑、瑜伽、舞蹈、体操，等等。

歌德说过："流水在碰到抵触的地方，才把它的活力解放。"人的活力也一样，你只有去激发它，它才会更完美地展现出来。所以，女人要想让自己看起来更有活力，就需要长期坚持锻炼自己的身体，把身体内在的活力激发出来，让自己的身体更加健康，气质更有生命力。

# 9.生气是女人养颜的天敌

《红楼梦》里的林黛玉不但有才华，而且纯洁又真诚，却又自幼羸弱多病，多愁善感。在"风霜刀剑严相逼"的贾府，她学不会像薛宝钗那样曲意逢迎、八面玲珑，因此经常郁郁寡欢，茶饭不思，夜不能寝，泪水涟涟。当她听说心上人贾宝玉与薛宝钗结婚时，便一气而厥，悲愤而逝。从情绪心理角度看，正是因为她内心的抑郁情绪造就了自己的悲剧。

从我国中医学的角度来讲，人的精神心理活动与肝脏功能有关。当人因受精神刺激而造成心情不畅、精神抑郁时，会影响其肝脏功能的正常发挥。肝气不舒则急躁易怒，情绪激动，有时甚至就会做出一些不理智的事情来。另外，肝脏通过调节气息辅助脾胃消化，肝气郁结，则会造成气息不利，不思饮食。

而西医是用实验说明的。美国生理学家爱尔马曾做过一个实验，他把一支玻璃管插在正好是0℃的冰水混合容器里，然后收集人们在不同情绪状态下的"气水"，从而描绘出了人生气的"心理地图"。实验发现，当人们心平气和时，冰水混合物里杂质很少；而当人们生气时，冰水混合物里则有紫色沉淀。爱尔马把人在生气时呼出的"生气水"注射到大白鼠身上，几分钟后大白鼠就死了。

由此分析,人生气时的生理反应十分强烈,分泌物比任何时候都复杂,且更具毒性。所以,女性很多身体的症状,或者疾病的发生,都与其情绪变化有关。

王娜最近总觉得胸部疼痛,尤其是经期前的那几天,胸部一碰就疼,人也莫名地烦躁不安。这天,她单位附近一家美容院开业,优惠酬宾,同事看到后就拉着她一起去美容院体验一下。

在做精油按摩的时候,美容师一碰到她的胸,王娜就喊疼。美容师用精油轻轻推拿,并跟她聊起天来。

"你是不是最近经常跟老公吵架?你的乳腺增生挺明显的。"

王娜被说得不好意思,只能讪讪地说:"是啊,最近总觉得胸部疼痛!"

旁边的同事听到她们的对话,就说:"我也是呢,咱们这病啊,多半都是被气出来的。年前我去医院检查,医生说我有乳腺增生,还好不太严重,医生说吃点药就好了,关键是放松心情,少生气。你也去看看吧,这病严重了有可能致癌呢。"

同事的话,让王娜的心"咯噔"一下收紧了。

这段时间,丈夫的弟弟要买房,一开口就向她家借十万。丈夫觉得那是自己的弟弟,怎么着都应该帮助一下,可是这么一大笔钱拿出去,会给家里造成很大影响。她们还计划给女儿买钢琴,还想买车代步,这下好了,所有计划都打乱了。为了借钱给丈夫的弟弟买房这事,王娜夫妻俩这几个月没少吵架,她甚至气得已经快一个月没给老公好脸色了。可她没想到,自己生气的时候,居然身体也跟着不健康了。

我们常听说一个词:气结,气不畅通就会郁结于胸,最后形成肿块,带来疼痛。所以中医学中有这样一句话,"通则不痛,痛则不通"。更通俗的解释则是,气愤、压抑、闷闷不乐等精神因素会对人体的生理机能产生影响。

因此,爱生气的人很难健康,更难长寿。尤其是女人爱生气,会间接导致你的"健商"指数下降。

"健商"是一个崭新的健康理念,它是健康商数的缩写。它和智商、情商一样是人们评价估测自身健康指标的标准。"健商"指数能指导人们一直保持健康状态。人们如果能正确利用自己的"健商"指数,就能使自己更加健康长寿。

健商理念的另一个特点是,它强调身心合一的中国传统思想,认为身心之间的关系是健康的基本组成部分。拥有健康的心理状态,即比较平和安详而愉快的心态,本身就意味着一个人拥有健康。

下面列举出一些因女性生气引发的健康隐患,以及提高"健商"的小技巧。

(1)长色斑

生气时,血液会大量涌向头部,因此血液中的氧气会减少,毒素增多。而毒素会刺激毛囊,引起毛囊周围程度不等的炎症,从而出现色斑问题。

建议:遇到不开心的事,可以做深吸气,双手平举,来调节身体状态,把毒素排出体外。

(2)抵抗力下降

生气时,大脑会命令身体制造一种由胆固醇转化而来的皮质固醇。这种物质如果在体内积累过多,就会阻碍免疫细胞的运作,让身体的抵抗力下降。

建议:回忆自己做过的好事,尽量平和心态。

(3)伤肝

生气时,人体会分泌一种叫"儿茶酚胺"的物质,作用于中枢神经系统,使血糖升高,脂肪酸分解加强,血液和肝细胞内的毒素相应增加。

建议:喝杯水,水能促进体内的游离脂肪酸排出,减小毒性。

(4)引发甲亢

生气会令内分泌系统紊乱,使甲状腺分泌的激素增加,久而久之会引发甲亢。

建议：放松坐下，闭眼，做深吸气。

(5)伤肺

情绪冲动时，呼吸就会急促，甚至出现过度换气的现象。肺泡不停扩张，没时间收缩，也就得不到应有的放松和休息，从而危害肺的健康。

建议：专注、深而缓慢地呼吸5次，让肺泡得到休息。

(6)胃溃疡

生气会引起交感神经兴奋，并直接作用于心脏和血管上，使胃肠中的血流量减少，蠕动减慢，食欲变差，严重时还会引起胃溃疡。

建议：每天多按摩胃部，缓解不适。

(7)脑细胞衰老加速

大量血液涌向大脑，会使脑血管的压力增加。这时血液中含有的毒素最多，氧气最少，对脑细胞不亚于一剂"毒药"。

建议：每天多按摩胃部，缓解不适。

(8)心肌缺氧

大量的血液冲向大脑和面部，会使供应心脏的血液减少而造成心肌缺氧。心脏为了满足身体需要，只好加倍工作，于是心跳更加不规律，也就更致命。

建议：尽量微笑，并回忆愉快的事，可以令心脏跳动恢复节奏，血液流动趋于均匀。

第二章

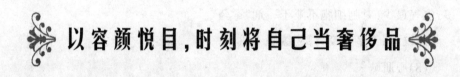

以容颜悦目，时刻将自己当奢侈品

# 1.头发是女人的一面旗帜

俗话说:"女人看头,男人看腰。"头指的是发型和发色。女人可以没有华服,但是绝对不能没有满意的发型。发型就是我们的脸部相框,能对我们的形象起到直观的表现作用。因此有人说:"头发是女人的一面旗帜。"女人不仅可以用这面旗帜来表达自己的个性, 还可以用这旗帜来表达内心的情绪。聪明人能从女人的头发看出女人的品味,揣测出女人的心情。女人就是这样,快乐或忧伤,幸福或痛苦,都免不了要在头发上做足文章,乐此不疲。

作为一个淑女,发型发式要求为美观大方,需要特别注意的一点是,在选择发卡、发带的时候,它的式样同样要庄重大方。在商业场合,切忌发型太新潮,头发乱如杂草。不管选择何种发型,职场中一般都不允许在头发上滥用装饰之物,比如发胶、发膏,在使用发卡、发绳、发带或者发箍时,应该朴实无华,最好不要用彩色、艳色或者带有卡通、动物、花卉图案的发饰。

什么年龄段留什么发型？ 什么是流行的发型？ 有没有终身适合的发型？这些,都是困惑女人的问题。个人认为,想要确定自己适合什么发型就一定先要了解自己的气质,是干练,还是妩媚,或者素淡,或者强烈,或者时尚,或者保守,或者浪漫,或者刻板,或者顽皮,或者天真……但无论哪种气质,都可以在发型中找到适合自己的那一款。你要想懂得技巧,前提是要知道自己是哪一种脸型,你的肤色如何,你的年龄是多少岁。

因此在这里很有必要了解发型和脸型的匹配原则。

首先我们简单了解一下女性的主要几款发型以及它们所体现出来的特征:

⊙短发

以前女性留短发会被人看成"男人婆"，但现在人们对短发也有了不同的定义，多会评价一位短发女性优雅而干练。短发也有不同的款式，如果刚好到脸庞长度，使头发包围脸部轮廓，可以达到完美修饰脸型的效果。中分的短发，可以营造出成熟、冷静的感觉，是职场女性的完美选择。把头发简单地别在耳后，刘海斜着梳，不要太厚重，这是个百搭发型。还有一种是将短发微卷，并将中分的刘海弯曲而自然地顺到两颊前，将脸型修饰得尖尖的，这种发型能体现出时尚的高贵气质。

⊙束发

如果你有一袭长发，可以高高地束起来，这样既能增加动感，又能提升优雅别致感。你还可以在扎头发之前用卷发棒把头发卷成大波浪，然后用手自然顺直，扎低马尾，在后脑的位置随意拽出蓬松状。

⊙中长发

一款方便打理的、整理有形的中长发，更能增添女性魅力。齐刘海向来都非常有亲和力，也给人更年轻的感觉。穿职场衬衣时，披肩的直发搭配齐刘海，既能展现你的温柔体贴，还不失严谨感。

及肩的中发，虽然没有长发那样可以变换多样，但把发尾向外或向内微微翻卷，也能有给人特别自然而清新的感觉，这样不仅能修饰脸型，也能达到视觉减肥的效果，对宽肩者可以有效调整身材。

⊙盘发

头发少或中等长度，既想优雅又想显得更年轻，可以选择辫子盘发。用编辫子的方式收拢面颊两侧的碎发，让发型看上去更加利落、精致，同时能在视觉上达到增加盘发发量的效果。如果有个别短头发容易散落，就用发胶或强度定型的啫喱来固定。

似乎每一款发型都很美，似乎每一种韵味你都想尝试，可是我们要提醒你，发型不是甜点，可以想试就试。选择哪一种发型取决于你的脸部轮廓、身高、气质以及你的社会角色等因素。当然最主要的参考标准还是你的脸型，这里就为大家提供不同脸型的发型搭配参考，以便于你能选择一款替自己说话的发型。

⊙标准脸

特征:整体脸部宽度适中,从额部面颊到下巴线条修长秀气,脸型如鹅蛋。

这是长久以来被艺术家视为最理想的脸型,有这样脸型的人,无论什么样发型,都可以一试。如果你个性干练,可以将秀发剪短,一个帅气的中性短发,会将你的完美脸型尽显无疑。如果你的性格温和,可以留一袭乌黑的长发,完美脸型在各式发型中实现百变突破。

⊙圆形脸

特征:从正面看,脸短颊圆,颧骨结构不明显,外轮廓从整体上看似圆形。

有这样脸型的你给人活泼、可爱的印象,并且娃娃脸的你,看上去会比实际年纪显小。圆形脸比较适合头顶部提高蓬松而脸部两侧头发较为拉长或拉低的发型。因为较长的发型,会让脸部看来修长,而头顶区蓬松会加长整体脸部的线条,让脸型看来不会那么短和圆。

⊙梨形脸

特征:腮部、下巴比颧骨部分还宽,整体脸型成梨形。

为了掩饰腮部大、额头窄的缺陷,梨形脸的你比较适合烫头发上部分蓬松,下部分收缩的发型,这样不仅能用秀发遮挡腮部,还可以营造出削瘦的感觉。

⊙长形脸

特征:脸型比较长,横向距离小,脸部轮廓呈长方形状。

如果你的脸型偏长又瘦窄的话,可以留厚厚的齐刘海,这样就能掩盖脸型太长的缺点。脸型过于瘦窄的问题,可以靠两侧头发的卷度来改善,两侧的发根从太阳穴的位置开始就要有蓬松的感觉,这样调整后长形脸就变成瓜子脸了。

⊙菱形脸

特征：面部较为清瘦，颧骨突出，前额与下巴较尖窄。

在做发型时，你可将靠近颊骨的头发作前倾波浪，以掩盖宽颧骨。将下巴部分的头发吹得蓬松一些。应该避免露出脑门。扎马尾或者高盘发都是不适合你的发型。

⊙方形脸

特征：脸型棱角分明，尤其是腮部骨骼平直有力，两额角发际线后退，与腮部形成方形四角。

将前额的头发斜斜地盖下来，遮掉额头一角，或者让整个发型有点波纹。不过要注意，如果你的头发比较柔软，就尽量不要贴着头皮，因为那样给人的视觉印象会更像方形，对于女性而言，这样的发型设计是失败的。

最后还想提醒大家，如果你的肩膀比较宽厚，最好不要留短发，柔顺的长发可以帮你遮挡这一瑕疵。如果你的臀部过大那就最好别把头发削得很薄。如果你的头偏偏，尽量让发型显得蓬松一些。如果你的脸比较宽，卷发的时候就千万别从脸颊开始，那样塑造出来的大饼脸会使你更糙。

还有，如果你的身材有些矮，头发就不能太长，因为一个人头发的长度是和身高成正比的。个子高、头发短会显得你更高，而个子低、头发长则会显得你更矮，这些都是修饰发型时必须知道的一些常识，千万谨记！

想要魅力四射是需要花心思的，不要总是固守成规，更不能潦草应付，否则你会和美丽擦肩而过！

当然，完美的发型不仅要和脸型相匹配，作为完美发型基础的发质，也非常重要。若是有毛糙、干枯等秀发问题，即使发型再好，也会大大减分。

因此，发型对于女人来说是一项细致的工程，如果你能够精心呵护，正确选择，绝对可以成为一名游刃有余的职场俏佳人！

## 2.气质美女必知的化妆知识

这个社会对于女人的挑剔强于男人很多倍，我们可以允许一个男人邋遢，但绝对不允许一个女人邋遢。假如你天生丽质，那你倒是还可以素面朝天，但芸芸众生中的你我究竟有几个真的是天生丽质的？所幸，我们有了化妆术，可以将每一个女人都修饰得如花似玉。

⊙了解化妆品

我们都知道，不同类型的化妆品，有其各不相同的功能和特定的使用范围，因此职场女性在使用化妆品之前，有必要了解一下各种化妆品的具体用法。不然的话，如果"张冠李戴"，误入歧途，则会让他人见笑，甚至会破坏自己的个人形象。

举个例子，作为油脂性润肤膏的一种，香脂因为含有大量油脂，适合人们在冬季使用。将它擦于面部、手背与耳朵后面，不仅可以滋润皮肤、预防皲裂，而且还可以在一定程度上起到御寒防冻的作用。若将其使用于烈日当空的夏季，非但于化妆者毫无帮助，还会堵塞皮肤毛孔，妨碍其排污、排汗，甚至会让化妆者看上去"油头滑脑"，面目可憎。

因此，对化妆品的分类一定要清楚。女性的化妆品分四类，第一种是头上的，就是洗发、护发、美发的产品。第二种是脸上的，诸如洗面奶、滋润霜等各种乳液、润肤蜜，等等。第三种是香水、花露水等芳香型的化妆品。最后一种也就是人们特指的化妆品定义，诸如唇膏、眉笔、眼影、睫毛膏、化妆水，等等。

⊙化妆是什么？

化妆是什么？很多女性会说："就是涂口红、画眼影、刷睫毛那些活啊！"也对，但也不完全对。上述的化妆其实指的是重点化妆。

37

化妆其实分为两种，一种是基础化妆，另一种便是重点化妆。

基础化妆每个人每天都会进行，比如清洁、滋润、收敛、打底与扑粉等，具有护肤的功用。重点化妆是指眼、睫、眉、颊、唇等器官的细部化妆，包括加眼影、画眼线、刷睫毛、涂鼻影、擦胭脂与抹唇膏等，它们能增加容颜的秀丽并呈立体感，可随不同场合做变化。要说最全面的化妆，还包括皮肤、毛发、指甲、牙齿、眼球5个部分的化妆。其中皮肤包括嘴唇，毛发包括睫毛。

一般来说，作为职场女性要完成一个全面的化妆，大致都要遵从以上步骤。需要特别注意的是，化妆还有一些禁忌必须知道。

比如，不能在公共场合化妆或补妆的。职业女性切忌在上班时间或一些公共场合化妆、补妆。常见一些女性，上班时间一有空就照镜子，描眉画唇，这是非常失礼的行为，既不尊重自己也妨碍他人。如果需要补妆，就到洗手间或化妆间进行，千万不能在大庭广众之下当场表演。另外化妆的场合禁忌还包括，在吊唁、丧礼场合不可化浓妆，也不宜抹口红。

化妆不但需要结合场地，还需要结合你的服装款式，如果你穿礼服则需要高雅，比如将头发挽在颈后，妆容不宜过分浓艳；如果你穿连衣裙，则可以根据裙子的款式选择相应的妆容；如果你穿西装出席隆重的场合，妆容以精致简单为好。

化妆是每一位职场女性的必修课，在日常和商务礼仪中扮演着重要的角色，同时也是女性对自己和别人最起码的尊重，应该给予充分重视。

⊙"懒"女人也要学会的化妆技巧

如果你宁愿用化妆的时间来睡觉，那么别担心，下面这些小招数可以说是懒女人的捷径，让你在出门之前1分钟搞定一切，照样靓丽出门。

(1)涂唇膏之前先涂遮瑕膏，这会让唇膏的颜色持续一整天。

(2)在脚上涂橄榄油然后穿上袜子睡觉，第二天一早你会发现你的脚白白嫩嫩。

(3)洗澡的时候，用搓澡巾去角质，洗完澡你会发现一直包裹在搓澡巾里面的指甲前所未有地干净整洁。

(4)海边度假一定要带上婴儿爽身粉,即使洗发水用完了也不怕,用它来代替洗发水,效果完全不会打折。

(5)健身完后没有时间打理头发,可以喷一些香水,这样头发会感觉更飘逸。

(6)皮肤晒伤或晒得太黑,可以用柠檬汁或者苏打水涂在患处,见效特别快。

(7)晚上用含有维生素A醇的面霜,第二天你会发现自己的皱纹不见了。

(8)将睫毛夹用吹风机吹热再去夹睫毛,这样睫毛会更翘。

(9)有头皮屑的困扰?不要紧,用柠檬汁涂在头皮处停留2分钟,冲洗的时候就能一次性洗掉头皮屑。

(10)用头发定型剂来帮助固定爱毛糙和变形的头发。

(11)涂完指甲油后将指甲浸泡在冷水中2分钟,指甲油会速干掉。

(12)用化妆棉沾眼药水敷在痘痘上,痘痘会变小直至消失。

(13)睡觉前,将牙膏涂在痘痘上,可以镇静消炎。

(14)用BB霜代替其他底妆,然后再涂个睫毛膏和哑光唇膏,不到2分钟就能美美地出门了。

(15)在你要出门约会的15分钟前,将牛油果捣碎涂满全身,10分钟后洗掉,牛油果里面的油会滋润并渗透肌肤,皮肤看起来更性感细滑。

(16)如果你的脸被晒得通红,将一块冰毛巾放在脖子上,不一会儿你的脸就会恢复正常。

(17)在你早上喝咖啡的时候,把眼线笔放在冰箱里冰10分钟,然后再画眼线,你会发现用起来更顺利。

(18)婴儿油不仅能护肤,护发的效果也很惊人。

(19)想让头发速干,先用毛巾包裹,然后再吹头皮处,这要比直接用吹风机吹头发省去至少一半的时间。

(20)用棉棒蘸取眼霜涂在眼角,即使再难卸的妆也可以卸掉,眼球里面的脏东西也会跑出来。

(21)如果早上起来眼睛浮肿,那么将冰冻的绿豆用毛巾包裹敷在眼睛处,10分钟就可消肿。

(22)尝试蜜蜡修眉,效果会更持久。

(23)睡觉时的枕头用真丝枕套,不仅护肤还护发,最重要的是省事。

(24)用硬币大小分量的橄榄油均匀涂在卷发上,会让发卷看起来更卷曲有弹性,头发也更有光泽。

(25)指甲断了也不要紧,用专门的胶水黏贴即可。

(26)茶包用热水浸泡再敷在眼睛上,不仅消肿还可以去红血丝。

(27)用一把新的小牙刷来打理眉毛。

(28)将裸色珠光唇膏涂在苹果肌处,会让整个人看起来活力四射。

(29)一定要准备一瓶凡士林,如果睫毛膏干掉了,混合一点儿凡士林,你会发现睫毛膏又能用了。

(30)唇膏一定要用专门的卸妆产品卸掉,否则容易有色素沉淀。

## 3.搭配出有品位的服饰

其实每个人都有属于自己的气质, 只是看你自己怎么表现出来而已。自信让女人拥有气质,而有气质的女人从不对时尚发高烧。时尚总是为女人披上小资、BoBo、中产等外衣以博芳心,但有气质的女人对这些富丽堂皇的名称的温度永远是37℃——不冷不热。既不会削足以适之,亦不会狂热以追之。

服装给人的第一印象是色彩。人们经常根据配色的优劣来决定对服装的取舍,或是来评价穿着者的文化艺术修养。所以服装配色,是衣着美的重要一环。服装色彩搭配得当，可使人显得端庄优雅、风姿卓绝；搭配不当，则使人显得不伦不类、俗不可耐。

聪明的女人会从时尚中冷静地发掘适合自己的因素，有气质的女人懂得如何装扮自己。有些人的服饰看似平常，稍不注意就会从眼前飘然而过，但当你止步注目，总是有一些看似不经意的雕琢可以让你细细品味。

在现在这个色彩缤纷的世界里，不是每一种颜色都适合于每一个人的。因此每个人都要有自己的选择，那么如何选择适合自己肤色的服装颜色呢？

首先你应该注意以下几点：

(1)皮肤发灰。这类肤色的女性衣着应以蓝、绿、紫罗兰色、灰绿、灰、深紫和黑色为主。这类肤色不太适合白色、粉红和粉绿，其他颜色均可以尝试。

(2)皮肤黝黑。这类肤色的女性宜穿暖色调的衣服。以白色、浅灰色、浅红色、橙色为主。也可穿纯黑色衣着，以浅杏、浅蓝作为辅助色。黄棕色或黄灰色会显得脸色明亮，若穿绿灰色的衣服，脸色会显得红润一些。不宜与湖蓝色、深紫色、青色、褐色搭配。

(3)肤色呈黑红色。这类肤色的女性可以穿浅黄、白或鱼肚白等色的衣服，使肤色和服装色调和谐。要避免穿浅红、浅绿色的服装。

(4)肤色红润。这类肤色的女性适合用微饱和的暖色作为衣着的主色，也可采用淡棕黄色、黑色加彩色装饰，或珍珠色用以配衬健美的肤色。不宜采用紫罗兰色、亮黄色、浅色调的绿色、纯白色，因为这些颜色会过分突出皮肤的红。此外，冷色调的淡色，如淡灰等也不宜选用。

(5)肤色偏红艳。这类肤色的女性可以选用浅绿、墨绿或桃红色的服装，也可穿浅色小花小纹的衣服，以造成一种健康、活泼的感觉。要避免穿鲜绿、鲜蓝、紫色或纯红色的服装。

(6)肤色偏黄。这类肤色的女性要避免穿亮度大的蓝、紫色服装，而暖色、淡色则较合适，也可穿白底小红花或白底小红格的衣服，这样会使面部肤色更富有色彩。

(7)皮肤黑黄。这类肤色的女性可选用浅色质的混合色，如浅杏色、浅灰

41

色、白色等,以冲淡服色与肤色对比。避免穿驼色、绿色、黑色等。

(8)肤色较白。这类肤色的女性不宜穿冷色调,否则会越加突出脸色的苍白。这种肤色一般比较不挑衣服的颜色,可以选用蓝、黄、浅橙黄、淡玫瑰色、浅绿色一类的浅色调衣服。穿红色衣服可使面部变得红润。另外,也可以穿橙色、黑色、紫罗兰色等。

(9)白里透红。这类肤色的确是上好的肤色,此类肤色的女性不宜再用强烈的色系去破坏它的天然色彩,选择素淡的色系,反而能更好地衬托出女性的天生丽质。

**根据身材进行搭配**

人的体型多种多样,而每个人的体型又各有不同,所以在衣服色彩上也有不同的选择。如何巧妙地扬长避短,衬托出人体的自然美,是服装的一大任务。服装的色彩对人的视觉有极强的诱惑力,若想让其在着装上得到淋漓尽致的发挥,必须充分了解色彩的特性。如:浅色调和艳丽的色彩有前进感和扩张感,而深色调和灰暗的色彩有后退感和收缩感。

(1)体型较肥胖。此类女性宜选用富于收缩感的深色、冷色调,使人看起来显得瘦些,产生苗条感。如果穿浅淡色调,脸上的阴影很淡,人就显得更胖了,但肌体细腻丰腴的女性,亮而暖的色调同样适宜。胖体女性最好不要穿带有夸张花色的图案的衣服,多选择纯色或有立体感的花纹,竖色条纹能使胖体型直向拉长,产生修长、苗条的感觉。胖人穿短上装时尽量要避免短裙,上装和下装比例不要太接近,比例越大越显修长,外套依然是敞开穿效果最佳。

(2)体型瘦削。此类女性的服装色彩应选用富有膨胀、扩张感的淡色,沉稳的暖色调会使之产生放大感,显得丰满一些。绝不能穿清冷的蓝绿色调,或高明度的明暖色,那会显得单薄透明弱不禁风。还可利用衣料的花色调节,比如大格子花纹,横色条纹能使瘦体型横向舒展、延伸,变得丰满一些。

(3)重梨型身材。此类女性属于上身比较瘦,腰细,大腿粗,臀部过大。在着衣时,上装应选用明色调如白、粉红、浅蓝等,下装应选用暗色调如黑色、深灰色、啡咖色等，上下对照，突出上身的纤细，隐藏下身肥胖的效果会好些。臀部太大的，不宜穿太短的外套。超短外套，在搭配上要特别小心，以免自暴其短。不妨把短外套不系扣敞开穿，里面搭配的衣服也要短，刚好过肚脐，与裤腰衔接，这样最能营造出腿长的错觉。另外，底摆选略宽松的，不会和下装紧贴起来的外套最漂亮。

(4)苹果型身材。此类女性属于上身圆胖、胸大、腰围显粗，而腿比较细。这种体型恰好和重梨型身材相反，上身宜穿深色系衣服如黑色、墨绿色、深咖啡等，下装则应选择明亮的浅色如白、浅灰等。白色的长裤搭配黑色上衣，效果非常好。

(5)腿短的体型。此类女性上装的色彩和图案应比下装华丽显眼一些，或者选择统一色调的套装，也可以增加高度。但要尽量穿暗色调的长裤。

(6)腿肚粗的体型。此类女性不论穿短裙还是穿裤子，长、短袜都尽量用暗色调，以使腿肚显得细一点儿。

(7)粗腰体型。此类女性最好穿深色的上衣，如黑色、深咖啡色，束一条与衣服同色或近色的腰带，会产生细腰的效果。

(8)肩窄的体型。上装宜选择浅色或带有横条纹的服装，增加宽度感，下装宜选择偏深的颜色，这样更能衬托出肩部的厚实感。

(9)下盘丰腴的女性。此类女性在穿流行的短外套时，可将底下的毛衣或针织衫放出来，或在低腰处系条中宽或宽版腰带，能平衡上下身的比例线条，还可起遮掩修饰的效果。脖子较短的女性，不宜穿高领的服装，这样会更突出自己的缺点，她们适宜用V领口和低领口的服装来装扮自己。

(10)正常的体型。此类女性选择服装色彩的自由度要大得多，亮而暖的色彩显得俏丽多姿，暗调、冷色系也可搭配得冷俊迷人，选用流行色更加富于时代色彩。只需要考虑适合的肤色，和上、下装色彩的搭配就可以了。

## 4.配饰，好品位的"点睛之笔"

当身上佩戴饰品的时候，人就会显得生机勃勃，饰品起到了画龙点睛的作用。正如一个完美的女人，如果没有了与之相匹配的饰品，就会看上去缺少生气。

初学乍练的人不用买"真刀实枪"的首饰，现在市面上很多饰品都物美价廉，关键是要学会如何用不同风格和颜色的饰品装饰自己。

**帽子的种类和搭配**

相传，帽子是由巾演变而来的，据南朝梁陈之间的顾野王所撰《玉篇》载："巾，佩巾也。本以拭物，后人着之于头。"在古代，巾是用来裹头的，女性用的称之为"巾帼"，男性用的称为"帕头"，到了后周时期，出现了一种男女均可用的"幞头"，它原本是人们在劳动时围在颈部用于擦汗的布，相当于现在的毛巾，人类在田地里劳作，由于大自然的风、沙、日光对人类的袭击太过强烈，于是人们便将巾从颈部向上发展，裹到头上，用来防风沙、避严寒、遮日晒，由此渐渐演变成各种帽子。

随着时间的推移，帽子的种类越来越多，大致分为运动帽、圆盘帽、毛绒帽、圆顶窄边帽，等等，织帽材料的不一样，又使帽子产生了更多的变化，一起来看看帽子究竟有哪些种类，而不同的帽子又应该如何搭配吧？

(1)运动帽

永远都是青春活力的象征，给人轻松、自然的印象！

春夏日:适合搭配各种T恤、衬衫，或牛仔裤、背心裙，又或是简单的棉质洋装。

秋冬日：适合搭配灯心绒裤、牛仔裤、牛仔衣、连帽大衣、棒球外套、大毛衣等。

（2）圆盘帽

圆盘帽老少咸宜，毛线编织、绒布、呢料、麻料等各种不同材质的圆盘帽，几乎适用于各式各样的服装搭配组合，不妨尝试看看。

春夏日：搭配T恤、牛仔裤、格子衫、长洋装、迷你裙、喇叭裤，连紧身洋装都适合，是不是几乎全员到齐了？

秋冬日：搭配牛仔外套、大毛衣、多层次洋装、劲装等，这么说吧，除了太正式或太运动的装扮不适合外，其余皆可。

（3）毛绒帽

就在一阵RAP风吹起时，毛绒帽忽然满街跑了。这种带着一点幽默感的毛绒帽，在冬天来说，完全达到了取暖又有型的作用。太乖乖牌的女生可能不太适合搭配毛绒帽，因为味道不对，反而会变得有点好笑。

秋冬日：大毛衣、格子衬衫、牛仔衣、连身大衣、棒球外套、吊带裤、紧身洋装、紧身衫+小短裙都可以随意搭配。

（4）圆顶窄边帽

此款帽子采用的是较华丽的绒布或呢子作材料，因而有着不同的风味与搭配方式。

春夏日：搭配样式简单但质感良好的洋装、多层次搭配的长洋装都适合，但需注意颜色的协调。

秋冬日：适合与高腰式娃娃装、线织网状背心或洋装、短腰身西装外套+长裙、贴身毛衣 短/长裙搭配，以质感较为考究为佳。

**项链：女性必不可少的装饰品**

项链是女性必不可少的装饰品，然而许多人虽然拥有各式各样的项链，却并不一定清楚什么款式最适合自己。

和项链最直接相关的部位当属脖子了，项链戴在脖子上，不仅对脖子本身的形象会有影响，对脸型的衬托以及视觉改观也都会起一定的作用。因为

45

人的视觉在项链的色彩影响下,会改变对脸部皮肤颜色的感觉,同时,项链的材料特性、造型以及佩戴后所形成的线条造型,也会对佩戴者的脸部形象及感觉产生影响。利用这种视错觉的原理来正确选择和佩戴项链,可以获得令人满意的效果。

(1)脖子粗短型

这类女性往往缺乏一种挺拔的感觉,特别不适合佩戴颈链。如果在本身就短的脖子上戴颈链,就会使脖子看起来更短。因为颈链的长度几乎和脖子的尺寸相同,佩戴后会在脖子上形成一条横的线条,而这条分割线,会将脖子分割成上下两截,从而在视觉上给人脖子更短的印象。

这类女性适合佩戴细长的项链,或是带有挂件的项链,这样会使短脖子有拉长的感觉。因为项链的"V"形线条所引起的视觉方向有向下垂挂之感。

(2)脖子细长型

此类女性不适合佩戴细长形项链,因为这类项链会使本就细长的脖子更长。而如果戴颈链、项圈或粗短形项链,效果会更好一些。

(3)圆形脸

此类女性不适合佩戴项圈,或者由圆珠串成的大项链,过多的圆线条对调整脸型的视觉印象十分不利。如果佩戴长一点带坠子的项链,可以通过项链垂挂所形成的"V"字型角度来增强脸与脖子的连贯性。也就是说,以脖子的一部分与脸部相接,可以使脸部的视觉长度有所改变。

(4)方脸

此类女性如能戴上一串漂亮的项链,则可以有效地缓和其脸型的方正线条。不过在佩戴串珠项链时,珠形应避免菱形或方形。

(5)三角形脸

此脸型的特征是额部窄小、下颌部宽大。在佩戴项链时,可以选用长项链。因为长项链佩戴后所形成的倒三角形态,有利于改变下颌宽大的印象。

(6)倒三角形脸

在正常情况下,此脸型的特点是额部宽大饱满、下颌尖瘦。由于脸型接近理想的椭圆形,所以此类女性可选择佩戴项链的范围比较大,无论长短、粗细都较为相宜。但如果下巴过于尖瘦,那么在佩戴项链时,就要慎用带尖利形挂件的项链。

(7)长脸

此类脸型的女性不宜佩戴长项链,或有坠子的项链。因为项链下垂后形成的长弧状,容易使脖子与脸部连在一起,从而加深长脸的印象。短而粗的项链、套式项链和项圈,都比较适合长脸型女性。

(8)脸型窄而瘦

此类女性要特别注意,如果你的表情也比较冷漠,那么最好不要佩戴黑色项链,以免给人过于冷峻的印象。可以选择佩戴一些浅色的、闪光型的项链,这样能使你的面部表情显得丰满,并可增添几分活跃的气息。

(9)皮肤白皙细腻

此类女性佩戴任何颜色的项链都会好看。如果佩戴白金、珍珠等浅色调项链,会显得高雅,并有柔和、自然、含蓄的美感。如果佩戴琥珀、黑曜石、紫水晶、深色玛瑙等深色调项链,会将皮肤衬托得更加完美。任何颜色的项链,在白色皮肤的衬托下,都会更有光彩。

(10)肤色深

肤色深的女性在佩戴项链时,要谨慎地选择。一般不宜佩戴浅色调的项链,因为在浅色项链的对比下,肤色会显得更深。

如果脸色是黑里偏黄,那么选择佩戴琥珀、玛瑙、金、紫铜等色彩的项链最好。因为这些项链的颜色呈黄色调,且比肤色要深,可在协调中衬托皮肤。如果肤色是黑里透红,那么佩戴金项链、黑曜石项链、紫水晶项链都较适合,而绿宝石、翡翠等绿色调的项链则会使皮肤看起来更红黑,最好不要选择。

在大多数境况下,黄金、白金、钻石项链容易与各种肤色相配,可以说是万能项链。如果你拿不准自己究竟适合什么样的项链,选择这三类项链佩戴最为保险。

47

### 腰带佩带法则

对于女性来说，腰带已经不仅仅是一个跟裤子搭配的装饰品，最重要的是它还有很好的塑身作用。但腰带也不是随随便便就能搭配好的，女士腰带的佩带也还是要讲究法则的。

(1)宽的，吊在胯上的腰带，对任何人都适合。

(2)皮的，薄细腰带，最适合骨感的女人，能够完美地展现女人的小蛮腰。

(3)记住，腰带是给你起画龙点睛的作用的，而不是让你看起来像个举重运动员。

(4)如果腰型不是很好，就不要用太耀眼的腰带，这样会让人注意到你的不足。当然，最重要的还是要跟服装色彩整体相配。如果你是艺术家，那就另当别论了。

(5)不要扣到最后一个扣眼。你的腰带应该扣在中间的扣眼里，如果不行，只能说明这条腰带的尺码不对。更不要将衬衫塞到低胯腰带的里面，让大衬衫的下摆盖过腰带，或者让短衬衫的下边停留在腰带上面几公分的地方，它会让你看起来更有魅力。

(6)保持"硬件"的统一。比如，银色的腰带扣要和银色的首饰配，等等。如果你戴"长绳"腰带，或者是腰带一头有流苏等坠下来的装饰物，就一定要将垂下的部分放在身体的一侧。

(7)腰带和衣服同色搭配一般不会出错。但如果服饰色彩处于融合柔弱状态，那突出腰带色彩就显得很有必要，此时既可选择和服饰整体色调相对比的调和色，也可以选择其他更强烈的色彩。另外，用服饰中的任何一色作腰带，也可以收到既变化又协调的效果。

### 手包，为你的整体造型加分

选择一个合适的包包来搭配你的造型，能为你的整体形象加分不少。但如果选错了包包，不仅不会为你的造型增色，反而会让你的整体形象看上去十分失败。因此，女性在注重服装搭配的同时，还要注重包包的搭配。

（1）稳重型

这类包包比较适合上班族，颜色多以黑、咖啡、白等单色系，或者深色格纹为多。考虑到白领工作时需要穿着正装，且服装色彩也多为黑、白、咖啡等深色系，因此选择的包包在款式和细节上应当具有鲜明的风格，像流苏、铆钉、金属链、镶嵌装饰等细节，都能为一身沉闷的服装色彩增加亮点。

（2）休闲型

这类包包比较随意，以斜挎、背包、单肩为主，最适合外出逛街、郊游时使用。它们的体积一般比较大，有充足的容量，而面料上多以帆布、牛仔布为主。而且这类包包非常适合DIY，喜欢在包包上装饰徽章、挂件的女生，可以尽情地施展你的搭配才华。

（3）奢华型

这类包包相对其他类型来说，使用的机会比较少，一般适用于宴会、舞会、婚礼等场合。在面料的选择上，可以选择绸缎、珠片等华丽闪亮的材质，款式上以提包和手包为主，体积最好选择小巧型，可以尽显女性的端庄、优雅。

（4）明朗型

顾名思义，这类包包颜色丰富鲜艳，样式活泼，会带给人清新的感觉。明朗型包包在春夏两季使用比较频繁，因为这两季的衣服色彩多以浅色为主，正好搭配色彩艳丽的包包，不过最好不要选择过大的款式，色彩艳丽的大包更适合欧美人高挑的身材和肤色，亚洲人很难背出那种热带风格，所以还是选择小巧的款式安全系数比较高。

（5）可爱型

这类包包深受广大女生群体的喜爱。它款式新颖、样式可爱、面料不一，适合活泼、可爱、外向、开放的女生。无论春夏秋冬，可爱型包包都很受用，而且无需再搭配任何挂饰进行装配，因为包包本身就已足够可爱。

## 5.鞋袜，气质美女的脚部时装

就像喜欢化妆品一样，女人对鞋子也很钟爱，但不幸的是，大部分人虽然有满满一柜子的漂亮鞋子，到最后会穿的却只有那几双。

**高跟鞋的诱惑**

15世纪，一个威尼斯商人娶了一位美丽迷人的女子为妻。商人经常要出门做生意，他担心妻子会在自己不在的时候外出风流，因此十分苦恼。一个雨天，商人走在街道上，因为鞋后跟沾了许多泥，他的步履有些艰难。商人由此受到启发，立刻请人制作了一双后跟很高的鞋子送给妻子。因为威尼斯是座水城，船是主要的交通工具，商人认为妻子穿上高跟鞋后一定无法在跳板上行走，这样就可以把她困在家里。岂料，他的妻子穿上这双鞋子，感到十分新奇，就由佣人陪伴，上船下船，到处游玩。高跟鞋使她更加婀娜多姿，路人都觉得她穿上高跟鞋走路姿态太美了，于是讲求时髦的女士争相效仿起来。就这样，高跟鞋便很快盛行起来了。

女人与高跟鞋，本就有着密不可分的关系，穿高跟鞋的女人能在一瞬间爆发性感、魅力和自信，腰肢扭动时更是摇曳生姿。高跟鞋仿佛成了女人的制胜武器，一双高跟鞋，增加的绝不仅仅是高度，而是来自女人内心的自信和风度。

高跟鞋的妙处在于，能立刻挺拔身材，拉长小腿线条，令人在视觉上使女性的身材比例更为修长，身体曲线有了起伏。穿高跟鞋确实没有穿平底鞋舒适，但只要选对鞋，其实并没有想象中那么难受，更何况那点小小的痛楚，比起它能够带来的种种好处，又算得了什么呢！

**如果你穿4～6厘米的高跟鞋……**

美国哈佛大学的健康专家发现，穿4～6厘米的高跟鞋最有助于减肥，因为这个高度的鞋子能有效消耗腰腹部脂肪的新陈代谢速度，让你的小腹平坦、性感！

但常穿4～6厘米的高跟鞋，最大的麻烦在于它会让你的背部压力增大，产生酸痛感，建议你在睡觉时换张软一点的床垫，以减少背部压力。另外，当背部肌肉僵硬时，寒气更容易侵袭并贯穿于背部的膀胱经，你会因此感觉手脚冰凉，免疫力降低。建议你不要穿露背装，以免背部受寒。

**如果你穿6～8厘米的高跟鞋……**

当你的高跟鞋的高度上升到6～8厘米时，你在走路时的身体重心会自然上移。一项研究发现，如果你穿着7厘米的高跟鞋连续走2小时的路，你的脖颈僵硬度会上升22%。健康专家通常不建议长期面对电脑的白领穿6～8厘米的高跟鞋，因为这样只会让你的脖子越来越累。

建议你每穿2小时高跟鞋，就把鞋子脱下来，让双脚休息15分钟，并做些中度脚部按摩，重点按压可缓解肌肉紧张度的、位于脚掌前1/3处的涌泉穴。另外，如果你的鞋跟高度在6～8厘米间，就不要戴过重的项链，以免脖子受压过度。如果你去参加Party，一条细软、轻巧的白金项链是最好的选择！

**专业级：14厘米**

近年来，坡跟鞋的大热，令高跟鞋屡创新高，14厘米的高跟鞋是时尚界人士认为最适合与超迷你裙搭配的款式，它能够令全身线条更加修长，让女人产生性感的魅力。若不想太过性感，也可与宽腿裤搭配，亦能产生高挑挺拔之效。

**如果你穿尖跟高跟鞋……**

一双纤细的尖跟高跟鞋的确能为你增添不少女人味，但澳大利亚新英格兰大学的健康专家指出，常穿尖跟高跟鞋，会让女性平衡感缺失，晕车、晕机的可能性也会大大增高。

如果你每周穿3次以上尖跟高跟鞋，建议你每天做1～2次健康专家推荐的"手指练习操",它能有效提高小脑神经细胞的专注程度,让你拥有较强的平衡能力。

"手指练习操"方法:两手合十用力相互对搓,当左手向上搓右手时,左手掌指关节握住右手指,右手指保持伸直状态5~6秒;同样,右手向上搓左手时,右手掌指关节握住左手指,左手指保持伸直状态5~6秒。照此动作,重复搓握掌指30次,每天早晚各做一遍。

**如何挑选一双适合你的高跟鞋?**

在时尚圈子里,高跟鞋不断地用不同花式吸引着爱美者的眼球,它千变万化,或性感、或复古、或奢华……高跟鞋如此诱人,因此,挑选一双适合自己的高跟鞋就需要你好好斟酌。

俗话说,鞋穿在脚上,舒不舒服只有自己知道,对于高跟鞋而言,更是如此,要兼顾美观及舒适,并非如想象中那般容易。

据相关研究表明,女士们挑选高跟鞋鞋跟的最佳高度公式是:a+x=0.6(h+x)。其中a表示下肢长度,x表示鞋跟高度,h表示身高,化简之后为:x=(3h−5a)÷2。

也就是说,如果一位女士的身高为165cm,下肢长97cm,那这位女士的鞋跟的最佳高度是5厘米。

算一算,你的高跟鞋符合最佳高度的标准吗?

**鞋袜搭配有"四不准"**

(1)不准光腿穿套裙。

(2)不准长筒袜有洞。

(3)不准鞋袜不配套。比如,穿套装时不能穿便装鞋。

(4)不准裙袜之间有空,即袜子的上沿要高于裙子下摆。这也是在提醒女性,在穿套裙的时候要有意识地注意一下鞋、袜、裙之间的颜色、距离是否协调。

另外,不论是鞋子还是袜子,都不能有太多图案。

张丽娜是一家时尚杂志社的记者，有一次领导安排她去采访一位民营企业的老总。听说位老总是一个既能干又极有魅力的女性，对工作一丝不苟，对生活却是极其享受，最关键的是，即使工作再忙，她也不会忽视身边美好的东西，尤其对时尚非常敏感，对自己的衣着及其礼仪也要求极高。这样的女性，会让很多人产生兴趣，张丽娜也一样。还未见到本人，仅仅是通过介绍，张丽娜就已经开始崇拜起这位老总了，所以她事先做了大量的准备工作，采访纲要修改了多次，内心总是被一股莫名的激动驱使着。

到了采访当天，穿什么衣服却让张丽娜犯了愁。要面对这样一位重量级人物，尤其还是位时尚女性，她当然不能太落伍了。张丽娜是一个不懂打扮也不懂服饰礼仪的女孩，平时穿衣风格多遵循"怎么舒服怎么来"的原则，仗着年轻随意混搭。那天采访她也不例外，她穿了一件紧身吊带裙，热裤（虽然她的腿有点粗壮），穿了一双豹纹凉拖，兴冲冲地直奔采访地点。当她站在该公司前台说明自己的身份和来意时，前台小姐那不屑的眼神让她有些尴尬。她再三说明身份，并拿出了自己的工作证来，前台小姐才勉强带她进了老总的办公室。

眼前的这位女性，身材高挑，举止优雅，穿着得体，让张丽娜又惊讶又崇拜，她突然觉得自己的穿着就像个小丑，来时的兴奋和自信全没了。采访结束后，老总送她出来，电梯口前，老总很善意地给她建议："如果你能换一条黑色丝袜以及一双黑色牛皮鞋的话，你将会是一位非常出众的女记者。"张丽娜听了，尴尬得恨不得马上逃走。从那以后，她时刻铭记这个教训，再也不乱穿鞋袜了。

在正式场合，女性的鞋子应该是高跟、半高跟和船式／盖式皮鞋，生活中的系带式皮鞋、丁字式皮鞋、皮靴、皮凉鞋等，都不适合。鞋子除了不能随意乱穿外，也不能当众脱下。有些女士会有一些不好的习惯，比如喜欢有空便脱下鞋子，或是处于半脱鞋状态，这些都是十分不雅的行为。因此除了进入专需要脱鞋的场所外，切忌当着别人的面把脚从鞋里伸出来。社交场合也

53

不应该出现系鞋带的举动。不管穿哪一种鞋子，既不应该拖地，也不应该跺地，这样不仅制造噪音，影响别人，也会给别人留下不好的印象。现在女性鞋子的款式五花八门，但有一些鞋子是不适合进入社交场合，或是公共场所的，尤其是一些类似拖鞋的皮鞋，即使是在平常的工作场合中，穿拖鞋也是极其不礼貌的行为。

**别小看了腿上的袜子**

袜子在整体视觉效果上，会给人带来很大的影响。只要搭配适宜，袜子完全能做到"扬长避短"，让双腿看起来更高挑修长的效果。

袜子作为鞋与服装的过渡色，在选择色彩上不仅要兼顾上下服装的色彩，还要考虑到鞋的色彩。基本的配色原则是袜子的颜色向上装看齐，鞋子的颜色向下装看齐，袜子的颜色应略浅于鞋子的颜色。而绚丽的袜子特别是现在流行的厚实质感的袜子，很容易让视觉重心靠下，造成身材比例失调。因此，可借用与袜子或鞋子同色的小饰物提升视线，营造修长印象。

深色衣服配稍浅色袜子，白色衣服配肤色袜子，黑色衣服配黑色透明袜子，而白色袜子只适合运动服和休闲服。衣服的颜色越复杂，袜子的颜色越要单一。反之，当衣服的颜色单一时，可以用袜子做一点细巧的装饰，但一定要注意尺度，千万不要太夸张。

现在十分流行这样一种装扮：穿着短裤或短裙，足蹬休闲鞋加一中筒棉袜，袜身及袜口在边沿处叠上数层，感觉透着清纯。但如果你的年纪已经过了25岁，最好就不要再做这种考虑了。这样只会给别人一种不文雅的感觉。

另外，当你身着短裙时，应尽量选择连裤袜，这样会避免不合身或质量低劣的长筒袜滑落带来的尴尬。

# 6.表面华丽的同时，也要注意"内在"

女人，穿着华丽的高档时装，提着时尚昂贵的皮包，画着精致淡雅的妆，殊不知这只是表面现象，很多女性朋友只重视外在的搭配打扮，而忽略了内在的"修养"。要么颜色不搭，材质不搭，甚至松松垮垮，穿起来自己都觉得别扭、不舒服，心中的那份自信荡然无存。正确地选择内衣，才能让你真的由里到外散发自信。正确的选择内衣主要包括，选罩杯，选肩带，选材质，纯棉和蕾丝分别象征着天真和性感。

女人，只有真正做到由内而外保养自己的美丽，维护自己的魅力，才能经得起岁月的洗礼，才能具备真正的内外美。

**根据体型选内衣**

(1)圆盘型。此种胸型的特征是胸部底盘不大，高度低，不集中，曲线不明显。应选有衬垫的魔术文胸，杯型可选1/2杯或3/4杯。

(2)圆锥型。这是东方女性较常见的胸型，底面积适中，高度适中，较易选购文胸，几乎所有文胸都适合。有钢托的3/4杯文胸更具魅力。

(3)半球型。此种胸型较丰满，底面积与胸等值宽，高度适中，胸部上缘塌。罩杯可选择全杯罩，三片式的裁剪，底面积比较大，可以将整个乳房全部包起来，材料上尽量选择较硬的，可不使用钢托。

(4)纺锤型。此种胸型底面积适中，高度高，适合选用底面积宽、容积深、伸缩性佳的带钢托型文胸。

(5)下垂型。对胸部下垂的女性，首先要了解其下垂的程度。若胸点在下胸围线以上，选用带钢托的文胸就可以了；若胸点在下胸围线以下，则要用全伸缩型的文胸。如果这一类女性体型较消瘦，可用带衬垫和钢圈的3/4杯文胸，在托起胸部的同时，用衬垫推挤胸部，使之略显丰满。如果体型较丰满，

55

则应选用带钢圈、全杯罩的文胸,因为过小的杯罩无法容纳丰满的胸部,会使胸部的肌肉向腋下两侧分散，而全杯罩的文胸则可完全包裹和向上牵制胸部,尽量改变胸部下垂的状况。

(6)扁平型。胸部扁平、较小的女性在选择内衣时,可以尝试有衬垫的模杯围或平棉围, 特别是在杯罩侧下面有弧线厚衬垫的文胸，能向上推托胸部,使之丰满圆润。3/4杯的文胸也较适合, 它能够斜向上牵制胸部。尤为有钢圈的文胸最佳,因为其有较强的固型性,能使女性扁平的胸部集中和收拢,显现丰满、立体的胸围。

(7)胸距过宽型。胸距过宽的女性最适合穿有钢圈的文胸,钢圈的强制力不仅可以收拢和抬高胸部,而且可以使胸点集中、胸位内移。还可试穿有侧面衬垫的文胸,这种文胸借助于杯罩侧面的裁片,在收紧胸侧的同时,产生向中间的推力,使胸部靠拢,缩短胸部的间距。同时要注意,胸距过大、胸部又丰满的女性在选择文胸时,应穿全杯罩文胸;胸距大、胸部并不丰满的女性,才可以选择3/4杯的文胸。

(8)胃部突出型。胃部突出是指从胸下围到腰围之间,前身上腹部突出。这种身材最适合穿中腰或低腰的连身文胸。这种文胸除了作用在胸部以外还对上腹部突出及腰两侧肌肉松软、有赘肉的体型独具功效。连身文胸在上腰腹部,用胶骨支撑裁片纵向的破缝,收紧胃部的肌肉,显示平坦流畅的线条。胃部突出的女性也可以穿连体束衣矫正体型。

**罩杯**

(1)全罩杯文胸。这类文胸可以将全部的乳房包容于罩杯内,具有支撑、提升集中的效果,是最具功能形的罩杯。任何体型皆适合,尤其适合乳房丰满及肉质柔软的人。

(2)3/4罩杯文胸。3/4罩杯文胸是集中效果最好的款式,如果你想让乳沟显现出来,那你一定要选择3/4罩杯的文胸来凸显乳房的曲线。这类文胸对任何体形都适合。

(3)1/2罩杯文胸。此类文胸有利于搭配服装,通常可将肩带取下,成为无肩带内衣,适合搭配露肩的衣服。1/2罩杯的文胸机能性虽较弱,但提升的效果不错,胸部娇小者穿后会显得较丰满。

**肩带的功能**

肩带最主要的作用是提拉乳房,其次是为了胸部及身材造型。无论是固定还是造型,使乳房挺拔是最基本的。为了把乳房拉起,肩带要使用编织紧密并有一定厚度的丝带。但勒得太紧,又会使肩部肌肉不适。所以肩带要有一定弹性,这样才能使我们在活动时更加轻松。

(1)薄肩。肩膀弧度适中,肩部的肌肉不厚;锁骨、肩胛骨明显。这类女性在选文胸时,可以选肩带略靠外侧的设计,肩带宽度可以窄一些,这与单薄的肩膀比较相称。还可以选择中间位置的肩带设计,使乳房提升力稳定。需要注意的是,薄肩体形要让肩带贴住上胸部,试穿时要看看肩带与身体间有无空隙。

(2)厚肩。肩膀弧度适中,肩部肌肉较厚,锁骨、肩胛骨看不大出来。这并非都是胖人才有这种肩,骨架大的女性肩一般也比较厚。这类女性在选文胸时要选肩带宽一点的,拉力足够,肩膀也舒服。肩带位置最好选居中或靠里侧一些的,太偏外侧容易滑落,而且对胸部丰满的女性来说,造型上会显得比较松散。此外,厚肩女性在选肩带时还要注意一下织物密度。肩带前段没有弹性的那种,可以更好地拉起乳房,并且不会因穿戴几次后松弛下来而失去强拉力。此外,厚肩型女性一般体形比较丰满,选3/4或全罩杯加宽肩带的文胸,造型效果会更好。

(3)斜肩。俗称美人肩,因为这类体形的女性都更显得杨柳细腰、婀娜多姿。这类肩膀弧度较大,不管肩部肌肉多不多,肩肘骨都不突出。斜肩与窄肩不同,由于肩部坡度大,肩带很容易滑落,所以最好不要选肩带偏向外侧的文胸。但过于里侧的肩带又不大舒服,因此要选肩带中间设计的那种。穿上后,肩带正好在前后锁骨交叉部位。略宽一些的肩带有利于不滑落,同时,肩带背面有塑胶的可以加强磨擦力,也是首选的优点。对于斜肩女性来说,选择背部U型设计的肩带,比垂直型设计的肩带更好,背部U型设计的肩带不仅

57

不容易滑落，而且由于受力合理，穿起来会更加舒服。当然，如果你需要可摘下肩带的文胸，就唯有垂直型肩带了。

(4)平肩。俗称将军肩，因为这种体形看起来比较英武。这类肩膀弧度较小，肩肘骨比较明显。与斜肩相对，平肩女孩戴文胸，肩带不容易滑落。在解决滑落问题上，平肩主要注意肩带的里、外侧位置就可以了。但从胸部造型角度考虑，平肩体形看上去四四方方的，可以通过胸部的调整使其不那么呆板。如果你是窄肩型平肩，可通过戴偏外侧肩带的文胸来使乳房向两侧扩展一些，这样可以使你的体形看上去舒展一些，但要注意保持乳房最高点与前锁骨中部在一条线上。如果你是宽肩型平肩，就要戴那种肩带偏里侧的文胸，使乳房集中一些，这样你的体形看上去才会更加苗条。但要注意的是，乳房也不能太过于集中，乳沟太明显也不好看。

# 7.形体有缺陷，修饰有技巧

每个人的形体都不是十全十美的，那么怎样才能恰到好处地修饰自己的缺陷呢？答案就是"隐恶扬善"四个字。只要了解自己的身材特点并穿得恰当，就肯定不难看。若能善用自己的优点，就已是成功的一大半了。

**娇小身材**

宜：如果你有一副娇小玲珑的身材，高跟鞋就是你的必然选择。高跟鞋搭配短裙或热裤，让一双诱人的美腿露在外面，最合适不过了。如果你不习惯穿得太短，也可以选择高开衩长裙，这样同样可以令你的双腿显得修长一点。及膝、三骨或四骨裤搭配高跟鞋，效果会很不错。而一条吊脚裤，配一双高跟鞋，也可以穿出风情万种，若搭配平底鞋，则又有了几分淑女的风范。目前流行的低腰裤,尤其是窄脚低腰裤更能产生双腿修长的效果。

忌:印有图案的裤子或花裙会令你更显矮小,是大忌。身材娇小的女性适宜穿单色服饰,并且不宜穿宽袍大袖的衣服,否则你整个人看上去会松松垮垮的,非常不好看。

**丰满身材**

宜:宽松的裙子配紧身上衣,有助掩饰过分圆润的臀部。你也可以利用长外套或长上衣抢去人们的视线,遮掩过胖的下身。比如穿无袖上衣可以突出双肩线条,分散别人对你臀部的注意力。往两肩延伸的一字领也可以对上下身的对称起平衡作用,是平胸丰臀女士的最佳选择。腰围线条方面,腰短的女性宜穿单排纽扣夹克,腰粗的女性则以短身外套为宜。及膝或任何腰间系带的外套都能凸显腰间线条,至于凸显肩部的剪裁,如加缝肩边或肩章,也能制造细腰的视觉效果。

忌:穿A字型剪裁的短裙及长裙只会自暴其短,腰短的女性宜选穿修身直裙。臀部丰满的女性不宜穿过分强调臀部线条的大口袋或明袋设计的裤子。

**曲线玲珑**

宜:为了营造夸张的效果,可以将性感的身躯挤进很窄很窄的紧身裙,或是穿上弹性比基尼超短上衣、低胸紧身衣或文胸,外穿一件开胸外套。若不想太突出身段,无带露肩裙可以帮你掩饰丰满的胸部。剪裁合体的外套或行政人员的修身外套,则是另一低调穿法。若想穿得轻松简单又性感,非牛仔裤夹克莫属。长裤配上短身夹克,能令你看起来性感而不肉感。

忌:过于宽松的衣着会令你显得臃肿,也把一副好身材埋没了,岂非可惜?

**苗条身材**

宜:此类女性在挑选衣服的时候要多以性感为主,尽量露肩、露臂、露背或露腿,以展露自己苗条优雅的身材。吊带装、连衣裙、露背衫、开衩短裙皆是首选。

59

忌：低胸装或紧身衣等只有胸部丰满的女性方能穿得好看，宽松的套头毛衣挂在你瘦削的身躯上，一点也帅不起来。只有合身剪裁的衣服才能令你看来神采飞扬。

**高挑身材**

宜：几乎任何类型的服装皆宜。细长高挑的身材是天生的衣架子，撑得起各种各样的服装类型。身段修长的女性最适合穿紧身衫，即使是简简单单的一件T恤，也能穿得很好看。至于外套，A字型修身剪裁的款式最能展现你那模特般的美好身段。对身材高挑的女性来说，即使是那些最不容易穿的衣服，穿在她身上，都会让人觉得恰到好处。而短裙，当然是高个子女性展露一双美腿的最佳武器了。

忌：拥有这样的身材的女性，只要你穿的不是垃圾，就可说百无禁忌了。

**臀部较大，怎么办？**

如果不想臀部显得太过丰满，你可以参考以下三个建议着装：

(1)臀部垂直剪裁的牛仔裤能将他人注意力吸引到双腿上。

(2)深色具有收紧的视觉效果。

(3)宽腰设计能减少臀部的丰满度。

**腿粗和腿短，怎么办？**

腿粗和腿短的女性要选择直筒或微喇型，后身没有口袋，前面口袋最好是斜口，而且裤腿部分不要有横线修饰的裤子。窄腿裤虽然流行，但它只会使你的缺点更加暴露。而且此类女性还不宜穿窄裤腿的牛仔裤，而应穿直筒或裤腿较宽大的。腿短的人裤腿不宜有横线，否则会显得腿更短。

**如何让双腿看起来更修长？**

(1)避免穿着蓬起的裙子。应选择A字裙，或者随身体动作摆动的裙子，如：褶裙、圆裙，以转移别人对你腿部的注意力。

(2)尽可能穿与裙子同色调的袜子和鞋子。统一的色彩，可以造成修长感。

(3)鞋子的高度要能与裙子搭配，注意鞋跟是否稳固。

# 8.做个未语先香的"瑰丽宝贝"

女人的优雅除了表现在穿着和修养方面外，香水也是一个不可或缺的元素。香水是无形的装饰品。善用香水，就相当于掌握了一种征服的"软"力量。与有形的修饰不同，它在空间上能更加迅速有效地改变一个人的形象，使得其气质更加高雅，精神更加饱满。

**香水与性格**

一位香水业的专家说："要学会选择香水，首先应了解你自己是属于哪一种类型的顾客。"

如果你是办公室女郎，可以选择如橙花、玫瑰花之类的香水，其香味少了份娇柔，多了份沉淀。这类香水，能让女性的知性之美在你的身上完美体现出来。

如果你是性感女神，那些能够激发男人最原始本能的香水再合适你不过了，你可以选择混合了茉莉、玫瑰、檀香、香油树花等香味的香水，其香味馥郁甘甜，有种难以言语的纵深感。而这种香味，只有懂得生活，有生活阅历的女人才能更淋漓尽致地发挥其魅力。

如果你是一位高贵自信的女人，可以选择紫罗兰，并伴有淡淡的橙花和玫瑰香味的香水，在前调、中调和后调的香味中，令你时而妩媚撩人，时而清新脱俗，时而充满活力，如谜一般，难以捕捉。这正是致命的诱惑力。

如果你是一位甜美俏佳人，比较适合的香水有葡萄柚、香柠檬和橙子，辅以小苍兰、铃兰、荷花、菠萝、西瓜和石榴汁等"混搭"而成，有的还不忘添加檀香、琥珀和白麝香等"性感"香氛。让你在乖顺之中又增添一份性感之美。

**香水与场合**

按香精含量和香气持续的时间，香水可分为四种，即浓香型（香精含量为15%至20%）、清香型（香精含量为10%至15%）、淡香型（香精含量为5%至10%）和微香型（香精含量为5%以下）。它们的香气持续分别为5至7小时、5小时、3至4小时和1至2小时。

按照常规来说，浓香型的香水适合在宴会、舞会、演出等晚间较为正式的活动场合使用。清香型的香水适用于商务交往场合，比如洽谈、会晤等。淡香型的香水适合工作场合。微香型的香水则适用于休闲场合，比如散步、旅游等比较放松的场合。出席的场合不同，也应该选择相对应的香水类型，关键时刻的那一抹若隐若现的香味，可以为你增添神秘的魅力。

### 香水与季节

香水是以芳香为主要特征的化妆品，其主要功能为溢香祛味、芬芳宜人，但在不同的季节，香水也有不同的用法。比如，早春适合使用花香型，而晚春使用果香型更能给人以新鲜感。夏季以清淡型香水为主，香水宜少洒、勤洒，只要经常保持淡淡的香气即可。秋季则是各种香型都适合，没有严格的选择。冬季选择香气浓郁一点的花香、动物香型的香水，则会给人一种温暖、热烈的感觉。

雨天，外面潮湿的空气会让香气在水质区域内弥散，这个时候选择一些淡雅的香水可以给自己和周围的人带来安详的情绪。如果你是一位运动达人，最好选用无酒精香水或者运动型香水，否则跑完步或者逛完街后，汗水与香水的混搭味道会让人对你敬而远之。

### 香水与用法

无论怎样划分，香水只有挥发出来才能彰显它的独特魅力，因此如何涂抹香水也是必须了解的知识。

一个女孩着急出去见客户，只见她从抽屉里拿出一瓶香水，先掌心里喷洒很多，然后往头发上抹，胸襟前抹，小腿上抹，最后再将残余的香水用两只手搓搓，然后在浓郁的香味中离去。的确，香水发挥了它的作用，只是客户很可能从这一身不搭调的香味中判断出她是一个不懂香水的女人，那么势必连带着对她的业务也或多或少会有所怀疑。

可可·香奈儿说过,不用香水的女人没有未来。同样,不会用香水的女人也没有未来。一般而言,香水应洒在脉搏或接触部位,便于挥发。大部分人习惯喷在耳后、颈部和手腕,但不宜用在头发、衣物或身体汗腺部位。值得注意的是,擦香水时不要反复摩擦,以免破坏香水的分子,使香味难以持久。

**最适合喷香的11大部位**

(1)耳后:擦香水通常最普遍的地方就是这个部位,体温高又不受紫外线的影响。

(2)后颈部:如果是长发,可以用头发盖住避免紫外线的照射。但后颈部属于皮肤较敏感的部位,须视个人的状况而定,要慎重使用。

(3)头发:在发梢抹上香水,只要轻轻摆头,就洋溢着迷人香气。但是与人聚餐时,最好不要在这里擦香水。

(4)手肘内侧:手肘内侧属于体温高的部位,只要移动手肘就会散发出芬芳的香气。

(5)腰部:参加聚餐时,香水擦在腰部以下的部位,比擦在露出来的肌肤上,更能使香味随着肢体摆动而摇曳生香。

(6)手腕:秘诀是把香水擦在静脉上,这个部位的体温较高,又经常活动,是香气很容易散发的地方。

(7)指尖:指尖很容易沾上各种味道,希望在这个地方沾上香水成为你的习惯。特别是喜欢抽烟的人,别忘了指尖微量沾取香水,但不要将香味沾得到处都是。

(8)膝盖内侧:在膝盖内侧抹上香水,能使你站起来时,由下往上散发出香气。补擦香水时,直接擦在丝袜上即可。

(9)腿部:在穿上丝袜之前,先在腿部、膝盖及脚踝内侧擦上香水,这样散发出来的香气不但典雅而且持久。

(10)脚踝:在脚踝上方腱内侧擦上香水,这样你每次轻移莲步都会散发出淡淡的幽香,若是要补擦香水时别忘了这个部位。

(11)裙摆:只要你摆动裙子,香味就会轻柔地扩散,会给人留下美好的印象。

天冷的时候,你可以在熨烫衣服的时候加一点香味,办法是在熨衣板上铺一条薄手帕,在手帕上喷些香水,然后再将衣服放在手帕上面熨烫,这样余香会持续很久都不会消失,无论你走到哪里,它都会将你的香味传递给对方,这无疑是最具个性的标签了。

第三章

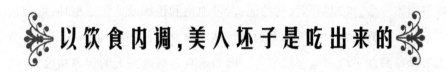

以饮食内调，美人坯子是吃出来的

## 1.水是女人最好的养颜药

　　肌肤柔嫩光滑，是每个女人最大的梦想。要说肌肤柔嫩光滑，没有比婴儿的肌肤再出色的了。婴儿体内的水分占体重的80%以上，正因为婴儿体内有足够的水分，所以婴儿的皮肤才会显得特别细致光泽。由此可知，女性要想养颜美肤，也需要多补水。

　　水是一切生命活动的基础，人们咀嚼食物需要唾液，消化食物需要胃液、肠液、胆汁等，这些消化液绝大部分都是由水组成的。水可以帮助人体维持细胞形态，增加新陈代谢功能；调节血液和组织液的正常循环；溶解营养素，使之易于吸收和运输；帮助排泄体内废弃物；散发热量，调节温度；使血液保持酸碱平衡和电解质平衡。因为水具有如此强大的保养功效，女性才有机会保持靓丽的容颜。可见恰当地饮水会让女人容颜永驻。

　　多喝水会使皮肤变得好看。电影明星索菲亚·罗兰坚持每天饮用矿泉水，吃1片柠檬或酸橙，从而保持了皮肤的新鲜滋润。她的这一习惯使她在71岁高龄的时候还获得了"最具自然美"明星的称号。

　　众所周知，水是构成生物机体的要素，没有水就没有生命。不吃任何食物仅饮水，人的生命还可以维持70天左右，但若滴水不进，7天后人就会死亡。

　　在整个人体机制中，肌肤对水的需求尤为明显。肌肤缺水会令许多女性的脸面干涩或者出现皱纹，尤其是眼睛和嘴唇等特别需要保养的部位，更容易出现脱皮、起皱等问题。充足的水分是肌肤润泽的前提，缺水会使女性肌肤过早衰老，一旦皮肤"缩水"，全身肌肤就会失去弹性，脸上的肌肤也会逐渐失去光泽，整个人看起来毫无生气。

　　一般来说，女性的新陈代谢要比男性慢一些，每天的消耗量也比男性低,所以女性常常比男性更容易缺水。因此,不管在哪个季节,女性都要谨记时刻为肌肤补水。

据养颜专家介绍,女性养颜时,喝水的次数以每日4～5次为宜,不要等到口渴了才喝水。也不能盲目地喝水,要讲求科学,适可而止,张弛有度。一般早晨餐前饮水比较合适,早上起床喝一杯20～30℃的凉开水,可以迅速补充夜晚睡觉出汗和呼吸丢失的水分,防止皮肤缺水和身体脱水。而且早上刚起床的时候大脑还处于半睡眠状态,喝水可以加速周身血液循环,从而叫醒半睡眠的大脑,让人活力四射。饭后、临睡前不宜多喝水,这除了会导致胃液稀释、夜间多尿外,还会诱发眼睑水肿和眼袋。

喝水可以保持肌肤的弹力和水分,而泡澡和冲凉可以安抚身体某些肌肤的紧张和萎缩。白领女性时刻都在跟电脑打交道,一天下来总是腰酸背痛的,如果这个时候泡泡澡、冲冲凉,就可以很好地缓解腰背肌肤的压力,起到减痛作用。

据日本养颜专家介绍,凉开水浴能使皮肤保持充足的水分,从而显得柔软、细腻、光泽和富有弹性。养颜专家认为,凉开水实际上是一种含空气很少的“去气水”。研究显示,开水自然冷却至20℃～25℃时,溶于其中的气体比煮沸前少1/2,这使得水的性质起了变化,如内聚力增大,分子间更加紧密,表面张力加强等。这些性质与生物细胞内的水十分接近,有很大的亲和性,从而使凉开水更易渗透到皮肤内。

根据矿物质含量的不同,水对人体健康所起的作用也不同,但有一点,所有的水都能使皮下脂肪呈“半液态”,让皮肤显得柔嫩,这一点是不变的。

下面我们将详细介绍以下6种水的具体特点:

第一,含多种矿物质的矿泉水。钙、镁、钠、二氧化碳等成分,能健脾胃、增食欲、使皮肤细嫩红润。还可加入适量硒,用以抗衰老。

第二,饮水中加入橘汁、番茄汁、猕猴桃汁等。这类水有助于色斑褪色,保持皮肤张力,增强皮肤的抵抗力。

第三,饮用水中添加花粉。花粉含有多种氨基酸、维生素、矿物质和酶类，天然酶能改变细胞色素，清除雀斑、色斑，保持皮肤健美，让你永葆青春活力。

第四，露水。明代著名医药学家李时珍在《本草纲目》中指出："百草头上秋露，未晞时收取，愈百疾，肌肉悦泽。"这正说明了露水有某些生理活性。有人认为露水有"X"因子，常饮对皮肤有益。也有人发现露水含有植物渗出的对人体有利的化学物质。露水几乎不含重水，渗透力强，而且有益皮肤。

第五，茶水。红茶、绿茶都有促进健康，包括护肤美容等功效。专家们系统地分析了饮茶的利弊，利是能降血脂、助消化、杀菌、解毒、清热利尿、调整糖脂代谢、抗衰老及增强免疫功能；弊是饮之过量会妨碍铁质吸收，甚至引起贫血、兴奋难眠等。

第六，磁化水。磁化水分子小，易渗入细胞内，加强细胞内外物质交换，因此有利于皮肤美容。

总之，水是女人最好的美肤"养颜药"，及时补水，科学补水，是女人必须学会的美容知识。

# 2.美食排毒，还身体一个洁净的内部环境

排毒，作为一种新的保健方式，满足了养颜女性"求新、求异"的心理，再加上商家铺天盖地的广告推波助澜，使得许多爱美女性频频出入医院、美容院，接受各种方式的排毒。一时间，排毒似乎成了一种"健康新观念"。事实上，这些令人眼花缭乱的排毒方式并非像宣传的那样有百利而无一害。其实，只要你选对食物，也能轻松排毒，根本没有必要去医院和美容院

専门排毒。

传统中医认为,食物是最好的药。在众多的食物当中,有女性排毒养颜的极品。只要女性在生活中,适当地在饮食结构上加以调整,就能起到很好的排毒效果。

食物是最好、最有力的排毒大师,比如富含纤维素、叶绿素的食物,如糙米、蔬菜、水果等,多吃有助于消除体内积累的毒性物质。下面就让我们盘点一下生活中排毒效果较佳的食物吧!

**(1)最佳水果类排毒食物**

樱桃是目前公认的很有价值的天然药食,它具有帮助人体去除毒素及不洁体液的功效,而且还有通便作用。食用时,最好选择果实饱满结实,带有绿梗的。

苹果除了含有丰富的膳食纤维外,其所含的半乳糖醛酸对排毒也很有帮助,而果胶能避免食物在肠内腐化。每天吃5个苹果或喝4杯苹果汁,还可预防胆结石。选择苹果时,别忘了常换不同颜色的苹果,这样效果会更好。

草莓是不可忽略的排毒水果,它热量不高,而且富含维生素C,能起到清洁胃肠道和强固肝脏的作用。但若你对阿司匹林过敏或肠胃功能不好,就不宜食用了。

无花果也是水果中的佳品,它富含有机酸和多种酶,具有清热润肠、助消化、保肝解毒等功效。而且,近年来的研究发现,无花果对二氧化硫、三氧化硫、氯化氢及苯等有毒物质有一定的抵抗能力。

**(2)最佳蔬菜类排毒食物**

芹菜中含有的丰富纤维可以像提纯装置一样,过滤体内的废物。经常食用有利于排出体内毒素,对付由于身体毒素累积所造成的疾病,如风湿性关节炎等,具有很好的抗氧化效果。此外,芹菜还可以调节体内水分的平衡,改善睡眠。

胡萝卜也是有效的解毒食物,它不仅含有丰富的胡萝卜素,食后能补充维生素A，而且含有大量的果胶。这种物质与汞结合，能有效地降低血液中汞离子的浓度，加速体内汞离子的排出，有益身心健康，并可以养护眼睛。

中医认为，苦瓜有解毒排毒、养颜美容的功效。《本草纲目》中说，苦瓜"除邪热，解劳乏，清心明目"。现代医学研究发现，苦瓜中存在一种具有抗癌作用的活性蛋白质，这种蛋白质能够激发体内免疫系统的防御功能，增加免疫细胞的活性，清除体内的有害物质。

木耳味甘性平，有排毒解毒、清胃涤肠、和血止血等功效。古书记载，木耳"益气不饥，轻身强志"，富含碳水化合物、胶质、脑磷脂、纤维素、葡萄糖、木糖、卵磷脂、胡萝卜素、维生素、蛋白质、铁、钙、磷等多种营养成分，被誉为"素中之荤"。黑木耳中含有一种植物胶质，有较强的吸附力，可吸附残留在人体消化系统内的灰尘杂质，并排出体外，从而起到排毒清胃的作用。

另外，西红柿甘酸微寒，可清热解毒、生津止渴、凉血活血；冬瓜甘淡微寒，清热解毒、利尿消肿、化痰止渴作用明显；丝瓜甘平性寒，有清热凉血、解毒活血作用；黄瓜有利尿作用，能清洁尿道，有助于肾脏排出泌尿系统的毒素；大蒜可使体内铅的浓度下降；蘑菇能帮助排出体内毒素，促进机体的正常代谢；红薯、芋头、土豆等具有清洁肠道的作用。

**(3)最佳五谷类排毒食物**

五谷杂粮，如红薯、燕麦、大麦等都有很好的排毒功效，女性朋友要常吃这些粗粮。在所有的粮食类食物中，绿豆的排毒功效是最强的。绿豆味甘性寒，有清热解毒、利尿和消暑止渴的作用，能解金石、砒霜、草木诸毒，可见其解毒能力之强大。不仅如此，它对重金属、农药中毒以及其他各种食物中毒也有防治作用，能加速有毒物质在体内的代谢转化，并向外排泄。因此，在日常饮食中应多吃绿豆，多喝绿豆汤、绿豆粥。

**(4)其他较佳排毒食物**

芦荟能极好地清除肠道、肝脏毒素和清理血管。芦荟中含有多种植物活性成分及多种氨基酸、维生素、多糖和矿物质，其中芦荟素可以极好地刺激小肠蠕动,把肠道毒素排出体外。芦荟因、芦荟纤维素、有机酸能极好地软化血管,扩张毛细血管,清理血管内毒素。同时,芦荟中的其他营养成分可迅速补充人体缺损的需要。所以,美国人说,"清早一杯芦荟,如金币般珍贵"。

猪血有通便、清除肠垢的功效。现代医学证实,猪血中的血浆蛋白被人体内的胃酸分解后,能产生一种解毒清肠的分解物,这种物质能与侵入人体内的粉尘、有害金属微粒发生生化反应,然后由消化道排出体外。

蜂蜜自古就是排毒养颜的佳品,含有多种人体所需的氨基酸和维生素。蜂蜜生食性凉能清热,熟食性温可补中气,味道甜柔,且具润肠、解毒、止痛等功能。常吃蜂蜜不仅对排出毒素具有重要作用,对防治心血管疾病和神经衰弱等症状也有一定效果。

茶叶具有加快体内有毒物质排泄的作用,这与其所含的茶多酚、多糖和维生素C的综合作用是分不开的。

很多人认为排毒就是通便,其实不然。排毒还有很多方式和渠道,除了排便外,出汗、呼吸、流泪等都是在排毒。要想彻底排毒,让身体有一个洁净的内部环境,就要把这些排毒通道充分利用起来。

**(5)解毒三君子:韭菜、苦瓜、苦茶**

韭菜,素有"春菜第一美食"的美称。韭菜含有较多的营养物质,尤其是纤维素、胡萝卜素、维生素C等含量较高。韭菜中还具有挥发性的硫代丙烯,具香辛味,可增进食欲,还有散瘀、活血、解毒等功效。古代养颜大师朱丹溪在《本草衍义补遗》中说:"研取其汁,冷饮细口甲之,可下膈中淤血,甚效。"明代李时珍在《本草纲目》中说:"韭,叶热根温,功用相同,生则辛而散血,熟则甘而补中……乃肝之菜也。"韭菜内含纤维素多,能促进肠道蠕动,保持大便畅通。由此可见,韭菜的确是排毒的极品美食。

苦味食品都是口感略苦,余味甘甜,具有解毒功能,并可清热去热。苦瓜中有一种抗癌的蛋白质,这种蛋白质能够激发体内免疫系统防御功能,增加免疫细胞的活性,消除体内的有害物质。中医认为,茶叶味甘苦,性微寒,能

71

缓解多种毒素。特别是茶多酚作为一种天然抗氧化剂，可清除自由基。其对重金属离子沉淀或还原，可作为生物碱中毒的解毒剂。

**(6)排毒三大猛将：山楂、桃仁、海带**

古代养颜名医朱丹溪在《本草衍义补遗》中说，山楂能"消食行结气，健胃催疮痛"。《本草纲目》中同样有记载，山楂"化饮食，行结气，健胃宽膈，消血痞气块"，是良好的消食健胃药。《本草求真》中也说："山楂所谓健脾者，因其脾有食积，用此酸咸之味，以为消磨，俾食行而痰消，气破而泄化，谓之为健，止属消导之健矣。"中成药中有一种"山楂丸"，是金元四大家之一的朱丹溪所创，至今仍是深受欢迎的中成药。中医认为，山楂对消油腻及化肉积有特别好的疗效，并对减肥有利，可辅治继发性肥胖症。山楂能帮助消化，自古为消食积的特效药，尤擅长于消肉积。现代医学也证明，山楂含枸橼酸、苹果酸、抗坏血酸和蛋白质、碳水化合物，有降血压，促进胃肠消化和减肥的作用。

另一个排毒的"猛将"——桃仁，我国古代排毒名医朱丹溪在《本草衍义补遗》中说："桃仁治大便血结、血秘、血燥，通润大便，破血，不可无。"《开宣本草》言："食之润肤。"著名营养学家孟洗提出："常服令人能食，骨肉细腻光滑，须发黑泽，血脉通润。"根据现代医学研究，桃仁具有活血祛淤，润肠通便、抗菌、抗过敏、抗炎、镇痛等作用。桃仁中还含有丰富的油脂，可以起到润燥护肤、润肤祛皱，润泽人面的作用。

第三个养颜排毒"猛将"就是海带。海带中含有硫酸多糖，能够吸收血管中的胆固醇，并把它排出体外，使血液中的胆固醇保持正常含量。海带表面有一层略带甜味的白色粉末，是极具医疗价值的甘露醇，它具有良好的利尿作用，可以治疗肾功能衰竭、药物中毒、浮肿等症状。

# 3.多吃五谷杂粮，是保证皮肤健美的关键

现在超市里卖的米都打磨得非常漂亮，晶莹剔透，像无瑕的小珍珠，这就是所谓的精白米了。而米的表皮在哪里？米胚芽又在哪里呢？都变成米糠打掉了。这样的米除了淀粉外，其他的都一无所有。虽然糙米的样子不大好看，但它的营养价值却远远高于精米。

以大米、白面作为主食，大概是因为其口感极佳，其实相比其他谷物，在营养上这两者是很低的。营养学家研究发现，谷物中的明星当属燕麦和荞麦，其主要营养成分超过米面十几倍甚至几十倍。

按联合国粮农组织颁布的纤维食品指导大纲，有专家给出了健康人常规饮食中应该含有30g～50g纤维的建议标准。研究发现，饮食中以六分粗粮、四分细粮最为适宜。而现代人的主食中，含粗粮的成分一直是少之又少，偶然吃一点玉米面窝头、燕麦片什么的，也粗粮细做过了头，为掩盖粗粮的粗涩而加奶、加油、加糖，这其实已经失去吃粗粮的本意了。

此外，维生素B族能防止各类紧张综合征，因此多吃杂粮能让女性心境安宁，情思内敛，更合乎传统养生对于"冬藏"的要求，"肾者主蛰，封藏之本，精之处也……心主火，藏神，应使水火相济，心肾相交，方神清气宁。"

由肉食改为素食的女性应有鲜明体会，以肉类为主食的时候，精力易爆发，也易疲倦，无长久性，情绪波动大，面色红润却毛孔粗大、易出油，20多岁时尚可神采奕奕，30多岁后却演变成略显憔悴的皮肤。而改为以素食为主的食谱后，会产生变了一个人的感觉，变得心态宁静，获得长久的耐力与韧性，毛孔变得细致干净，很长时间过去后，那张脸看起来还是老样子，仿佛永远不会老去。

古人云，"五谷为养"，是指吃五谷杂粮对健康有利。"粗粮"主要包括玉米、高粱、小米、荞麦、燕麦、莜麦、薯类及各种豆类等在内的产品。不同的粗粮对皮肤有不同的功效，比如玉米。玉米被公认为是世界上的"黄金作物"，它的纤维素要比精米、精面粉高出4～10倍。而纤维素可加速肠部蠕动，排除大肠癌的因子，降低胆固醇吸收，预防冠心病。绿豆味甘性寒，有利尿消肿、中和解毒和清凉解渴的作用。荞麦含有其他谷物所不具有的"叶绿素"和"芦丁"，它的维生素$B_1$、$B_2$比小麦多两倍，烟酸是小麦的3～4倍。同时，荞麦中所含烟酸和芦丁都是治疗高血压的药物，经常食用荞麦对糖尿病也很有疗效。

与精米相比，新鲜糙米对健康更为有利，因为粮食加工得愈精细，维生素、蛋白质、纤维素损失得愈多。粗粮的诸多益处，可以直接给皮肤带来好处，如粗粮中的纤维素能加速肠部蠕动，促进排便排毒，减少长暗疮等皮肤病；粗粮利尿消肿，能让皮肤细腻均匀；对皮肤来说，豆类及坚果中的油脂富含维生素E，能帮助肌肤抗氧化和消除自由基，是保护皮肤的天使，特别是粗粮中还含有大量镁，可促进机体废物的排泄，有减肥之效，这也是保证皮肤健康的关键。

爱美的女性、中年"三高"症状者、长期便秘者、长期坐办公室者、接触电脑较多族、应酬饭局较多的人则更要多吃粗粮。特别是夏天，这个季节瓜果丰富，多吃粗粮可解腻。如白天可以多吃水果，晚餐则可以吃杂粮粥等。坚持一个夏天，你的皮肤定会有所改善。

# 4.女人如茶,好茶养颜更养生

女人如茶,茶亦能滋润女人。绿茶天然清醇,红茶高贵典雅,奶茶温柔缠绵,花茶清香委婉……炎热酷暑,更是离不开茶,品一杯茗,看一本好书,让心情与思绪肆意地徜徉。如果能在品茗除燥之余,选择不同的茶合理搭配,巧妙运用,还可以起到美容养颜的作用。

下面我们介绍一些适合女性养颜美容的茶的具体做法。

**(1)花果牛奶茶**

材料:白果25克,白菊花3朵,雪梨3个,牛奶适量,蜂蜜适量。

做法:首先把白果去壳、去衣,雪梨去皮切粒备用;然后将白果、菊花、雪梨放入清水煲,至白果变软即可;最后加入牛奶,煮滚;待放凉后,加入蜂蜜饮用。

功效:白果、白菊花、雪梨、牛奶都具有美白肌肤的作用,能够阻止黑色素沉积、洁肤除斑;同时,菊花具有解暑降温、清肝明目、提神、利尿作用,非常适合夏季饮用。

**(2)莲花绿茶**

材料:绿茶3克,莲花6克,莲花应取含苞未放的花蕾或刚开不久的小花朵。

做法:将莲花洗净阴干,与绿茶共碾细末;用滤纸做成袋泡茶;每次取1袋用沸水泡5分钟后饮用。

功效:清暑宁心,凉血止血,美白肌肤,防止衰老。

**(3)柠檬香蜂茶**

材料:香蜂草2枝,柠檬3片,蜂蜜适量。

做法:香蜂草用沸水冲泡放凉;过滤掉香蜂草后加柠檬、蜂蜜调味。

功效:香蜂草能够放松心情,缓解神经紧张;柠檬富含维生素C,美白肌肤并增强抵抗力,适合办公室紧张的脑力工作者饮用。

**(4)润肌养颜茶**

材料:大生地5克,积雪草15克,生山楂15克,冰糖适量。

做法:将大生地、积雪草、生山楂共碾成粗末;加水煮3～5分钟;过滤其汁液;加冰糖放凉后饮用。

功效:大生地具有清利湿毒、滋阴凉血的作用;积雪草具有抗氧化作用,祛除老死角质层,促进皮肤的新陈代谢,增加皮肤的弹性及光滑,补充营养素。常服此茶能够滋养肌肤、延缓衰老。

**(5)三花养生茶**

材料:薰衣草5克,菩提子花5克,洋甘菊2克,冰糖30克。

做法:将薰衣草、菩提子、洋甘菊放入水中煮沸;加水煮2分钟左右,过滤后放冰糖即可饮用。

功效:薰衣草能够缓解压力、治疗失眠;菩提子花富含维生素C能镇定安神、避免皱纹与黑斑产生;洋甘菊可增强皮肤抗过敏能力,并能够消脂塑身。

**(6)五味枸杞茶**

材料:五味子5克,枸杞子5克,冰糖适量。

做法:将五味子和枸杞子用沸水冲泡,加入适量冰糖,搅匀即可饮用。

功效:五味子具有益气、滋肾、敛肺、生津、益智、安神的功效;枸杞能够滋补肝肾、益精明目和养血、增强免疫力,还可以提高皮肤吸收氧分的能力,起到美白作用。此茶有滋补肝肾,养心敛汗,生津止渴之效,是美容养生的佳品。

**(7)苦瓜茶**

材料:苦瓜一根,绿茶适量。

做法:将苦瓜上端切开,装入绿茶,挂于通风处阴干后,取下洗净;连同茶切碎,混匀;每次取10克放入杯中,以沸水冲泡,即可饮用。

功效:苦瓜茶具有清热解暑,消除烦躁的功能,适用于夏季中暑、发热、口渴烦躁,不失为养心的好茶。

# 5.美丽女人的养颜水果坊

水果蔬菜里含有多种维生素和人体所必需的各种膳食纤维，于是先进的美容技术就把它们的精华提炼出来，制成必不可少的保养品，为女性的皮肤阻隔环境毒素的侵害，抵抗细菌的感染，减少岁月的痕迹。这里给大家介绍几种养颜、抗衰老的果蔬，让广大女性在享受先进化妆技术的同时做到"内外兼修"。

**(1)樱桃**

樱桃自古以来就是美容果。樱桃汁能帮助面部皮肤嫩白红润，去皱、去色斑，是不少美白产品的最爱。樱桃不仅富含维生素C，而且含铁极其丰富，是山楂的13倍，苹果的20倍。除了含铁量高之外，它还含有平衡皮质分泌、延缓老化的维生素A，可以帮助活化细胞、美化肌肤。

**(2)石榴**

营养学家证实，娇艳欲滴的红石榴是具有很强的抗氧化作用的水果。它含有一种叫鞣花酸的成分，可以使细胞免于环境的污染、射线的危害，滋养细胞，减缓肌体的衰老。有研究表明，鞣花酸在防辐射方面比红酒和绿茶含有的多酚更"厉害"。

**(3)胡萝卜**

胡萝卜被誉为"皮肤食品"，能润泽肌肤延缓衰老。胡萝卜含有丰富的果胶物质，可与汞结合，使人体里的有害成分得以排出，肌肤看起来更加细腻红润。它含丰富的β-胡萝卜素，可以抗氧化和美白肌肤，预防黑色素的沉淀，并清除肌肤的多余角质。

**(4)橄榄**

早在古希腊时代，橄榄树就是生命与健康的象征，它除了可以作为健康食品食用之外，更有突出的美容功效。从树叶到果实，橄榄树全身都能提炼出护肤精华。橄榄叶精华有助皮肤细胞对抗污染、紫外线与压力引致的氧化，而橄榄果实中则含有另一强效抗氧化成分——酚化合物，它与油橄榄苦素结合后，能起到双重抗氧化修护作用。

### (5)黄瓜

黄瓜味道鲜美，脆嫩清香，备受瘦身人士的推崇。而且它富含人体生长发育和生命活动所必需的多种糖类和氨基酸，以及丰富的维生素，为皮肤、肌肉提供充足的养分，可有效地对抗皮肤老化，减少皱纹的产生。此外，黄瓜含有丰富的果酸，能清洁美白肌肤，消除晒伤和雀斑，缓解皮肤过敏。

### (6)葡萄

葡萄含有大量葡萄多酚，具有抗氧化功能，能阻断游离基因增生，有效延缓衰老。它还富含单宁酸、柠檬酸，有强烈的收敛效果及柔软保湿作用。另外，葡萄果肉蕴含维生素$B_3$及丰富的矿物质，可深层滋润、抗衰老及促进皮肤细胞更生。

### (7)柠檬

柠檬中含有维生素B、维生素$B_2$、维生素C等多种营养成分，还含有丰富的有机酸、柠檬酸，具有很强的抗氧化作用，对促进肌肤的新陈代谢、延缓衰老及抑制色素沉淀等都十分有效。

### (8)杏

杏不仅有明艳的外表，而且还富含糖类、果酸、膳食纤维、黄酮类物质、维生素C及铁、磷、锌等矿物质元素，维生素$B_{17}$含量尤其丰富。杏仁也富含蛋白质、脂肪、胡萝卜素、B族维生素、维生素C以及钙、磷、铁等营养成分。此外，杏仁还含有丰富的矿物质及植物性不饱和油脂，具有良好的柔润滋养效果。

### (9)柚子

柚子的气味能令女性比男性看起来平均年轻6岁。现在，柚子中含有的一种柠檬酸已被普遍应用于护肤领域。这种成分能帮助死皮细胞代谢和排出，从而使皮肤恢复光滑、重现光彩。

## 6.不同年龄的你:吃什么? 怎么吃?

每一个女人都要经历从丑小鸭到白天鹅的蜕变过程，也都要经历生命的成熟与衰老。20、30、40岁的你,要如何面对不同年龄阶段的营养需求? 吃什么、怎样吃才能更好地应对生理上的变化,可以既顺应自然,又掌控自然,成为健康美丽的"百变天后"?

### 20～29岁

20～29岁,正是女性风华正茂、尽情享受生活的时候。然而在这个生理机能最佳的时期,由于事业刚刚起步,女性往往因为忙于工作、适应社会,而忽略了健康饮食的重要性。许多女性都存在膳食结构不合理、热量摄取量低的问题,容易出现疲劳、情绪低落、抵抗力下降的现象,即我们常说的"亚健康"状态。

要想做到营养平衡并不难,最重要的是搭配好谷物、蔬菜水果、牛奶、豆类和动物食品这五大类食品。对于常吃快餐的职业女性来说,对比一下就可知道,蔬菜、水果、大豆制品等是最为缺乏的。吃饱不如吃好,只有身体健康、精力充沛,工作才能出色。

每天喝牛奶1～2杯。牛奶可提供大量的蛋白质、钙和维生素B、维生素A、维生素D等,是美容健身的秘诀之一。

每天吃蔬菜500克。其中绿色蔬菜250克,如芥兰、西兰花、豌豆苗、小白菜等,它们含有丰富的膳食纤维、胡萝卜素、维C、钙、铁等物质,能满足人体对这些营养的需要。

每天吃主食300克。其中最好有一种粗粮,如燕麦、玉米、甘薯、豆子等,它们含有丰富的膳食纤维和维生素B,可以提高淀粉分解速度,并清除体内垃圾。

每天吃瘦肉或鱼100克，鸡蛋一个，加上一些豆制品，这样可以满足人体对蛋白质的需要。

每天吃一个苹果或橙子，或是250克葡萄、柚子、草莓、奇异果等，它们有丰富的维生素C，以及钾、钠、钙等矿物质，可以使你精力充沛。

简单概括起来，可以牢记平衡饮食的"八个一"：每天要吃够"一杯牛奶、一个鸡蛋、100克大豆制品、100克鱼肉或瘦肉、1斤蔬菜、1个水果、1斤左右主食、1升清淡汤水"。

### 30～39岁

这一时期的女性赢来了事业、家庭上的成功，同时也承担着更多的责任。30岁是女性最敏感的年纪，相对于男性的"三十而立"，女人的生命从此进入成熟期和衰老期，若不注意保养，你的健康和美丽将会一齐走向下坡路。

骨质疏松似乎一直与女性的衰老密不可分。一般女性在35岁以后，骨钙每年以0.1%～0.5%的速度减少，到60岁时竟会有50%的骨钙减少。特别是在经历更年期后，女性更容易出现骨质疏松症。只有在30岁左右这一段时期内充分补钙，才能使矿物质在骨中含量达到最高值。这是一个先期准备的过程。

女性要想增加钙的摄入量，每天至少要摄入800毫克。可适当增加牛奶的摄入量，将以前的每天250克增加到350～400克。每250克新鲜牛奶含钙300毫克，并且吸收率最高，是最为高效的钙质来源。

另外，其他含钙丰富的食品有：紫菜、虾皮、豆制品、芹菜、油菜、胡萝卜、芸豆、黑木耳、蘑菇、芝麻等。

维生素D能够帮助身体将吃进去的钙质吸收利用，因而要多食富含维生素D的食物，如沙丁鱼、鱼肝油等。

也可服用补钙剂及维生素D来补充。但要注意，补钙剂与牛奶同服会影响钙的吸收，因此建议大家早餐喝牛奶，午餐或晚餐后再服用钙制剂。

醋能把钙质离子化，易于人体吸收。因此吃鱼类、骨类食品最好用醋烹制。

30岁的女人，劳累和压力需要自己扛，家庭事业的双重角色，让你面临着巨大的健康挑战。如何应对这种中度疲劳，以及疲劳导致的增重、效率低下、情绪沮丧？解决方法就是必须吃对食物，而且是在对的时间，以对的方式。

### 早餐

建议避免食用果汁、果酱和巧克力面包，因为它们会减弱肠功能，让人全天感到昏昏欲睡，失去活力。而黄油面包（全麦或含有谷类的面包）、蛋白质（火腿、鸡蛋、奶酪或酸奶）、新鲜水果以及杏仁和榛子等坚果则是上成的佳品。

温馨小贴士：要避免咖啡因浸泡在空胃里，因为胃液分泌过多会导致神经烦躁，易怒，乏力。所以，吃"固体"食物前，先不要喝咖啡、茶。

### 午餐

决不降低营养要求，要选择富含蛋白质的肉类，包括火腿、鱼类、海鲜和蛋类。同时还要吃一些蔬菜和低糖的主食提供能量。不要忘记每周三次食用红肉或香肠，它们可以直接补充身体对铁的需求。

### 晚餐

避免吃红肉。红肉会提供太多能量，需要消化的时间过长。菜做得太油、太甜，或者大量的淀粉类食物都不易消化。而鱼类、家禽、蔬菜、水果是最容易消化的，再配一些能令人镇定、低糖的主食，晚餐就OK了。

### 40～49岁

40岁以上的女人犹如盛开的牡丹，最为绚烂，却也要面对无法抗拒的凋谢。然而，秋天有它的成熟之美和独特风韵。女性在成为成熟的母亲与妻子时，要同时热爱生活、珍惜生命、呵护健康、善待自己。尽早保养的话，可以推迟女人生命的重要转折——更年期的到来，并让自己顺利度过。

40岁的你对抗衰食品有哪些认识呢？

脂肪、胆固醇、盐和酒，这些要严格控制摄入量；纤维类（全谷类、蔬菜和水果），植物性蛋白质（大豆蛋白），富含胡萝卜素、维生素C、维生素E的食物，含钙质的食物（牛奶）要天天见。此外，每天至少8杯水，也是一个指导原则。

将高脂肪、油炸食物从食谱中剔除，常吃容易产生自由基的食物会加速老化。所以高热量、高脂肪，尤其是油炸食物都要少吃。只有这样才能减少身体被自由基伤害的机会。这样皮肤出现黑斑、皱纹，罹患癌症、心脏病、中风、高血压、骨质疏松症等疾病的风险也就大大降低了。

**温馨小贴士：**

①西式快餐面前不再驻足。

②饮食以清淡为主，烹饪多采用蒸或煮的方式。

③热量摄入要比30岁时少10%。

纤维素有助排毒、抗衰，40岁的女人仍要一如既往地重视富含纤维素的食物。纤维素能强化体内排毒功能，还能强化肠道蠕动，免受便秘之苦。食物中含高纤维的蔬菜、糙米、玉米、燕麦、全麦面粉、绿豆、毛豆、黑豆、杏仁、芝麻、葡萄干等，都是抗老化的好"帮手"。

某些天然食物确实能起到预防衰老、延年益寿的作用。有了它们，留住青春的脚步可能很简单。让我们来清点一下抗衰食品新名单：

蜂王浆：能刺激大脑、脑垂体和肾上腺，促进组织供氧，增强细胞活力。

芝麻：含有丰富的维生素E，能防止过氧化脂质对人体的危害，抵消或中和细胞内衰老物质"自由基"的积聚。

枸杞子：抑制脂肪在肝细胞内沉积。

花粉：内含维生素、氨基酸、天然酵素酶等，特别是所含的黄酮类物质和抗生素，是产生药效、抗衰延年的根本成分。

香菇：有丰富的维生素、无机盐及微量元素，还含有30多种酶和18种氨基酸、核酸类等物质，能明显降低血清胆固醇。

黑木耳：具有清肺益气、滋润强壮、补血活血、清涤肠胃的功效。含有丰富的蛋白质、碳水化合物、各类维生素。

桂圆：又称龙眼。含有维生素A和B，以及葡萄糖、脂肪、蛋白质等，具有养血安神、驻颜抗衰的作用，对身体虚弱、气血不足的女性来说非常有益。

# 7.调养好脏腑，脸色自然就会好

传统中医认为，女性的脸色好坏是脏腑好坏的外在表现。所以，作为女性，要想拥有一个好气色，就一定要从调养脏腑开始。要知道，养颜与养生是密不可分的。

### (1)女人常吃枣，好脸色不显老

红枣，又称大枣、干枣，是我国药食皆用的果品之一，被誉为中国五大名果之一。红枣味甘可口，可作时令水果，亦可加工成枣泥、枣糕、枣粽子、酸枣、蜜枣等各种风味美食。干枣多作药用，且能治病延年。据古书记载，"有一病人骨瘦如柴，饮食不下，日日腹泻，遍请名医治疗，虽吃尽补药，但病情终无起色，后经一无名和尚指点，嘱其家人每日用红枣粥喂食，月后果然痊愈。"李时珍在《本草纲目》中盛赞红枣有润心肺，止咳定喘，补五脏，治虚损，调营卫，缓阴血，生津液，悦耳颜色，除肠胃邪气的功用。红枣营养丰富，既含蛋白质、脂肪、粗纤维、糖类、有机酸、粘液质和钙、磷、铁等，又含有多种维生素，故有"天然维生素丸"的美称。红枣所含的维生素不仅品种多，而且含量高。如每百克鲜枣含维生素C高达380～600毫克，是苹果的75倍，桃子的80～100倍；含维生素P300毫克。维生素C和维生素P有改善人体毛细血管的功能，对防治心血管疾病有重要作用。此外，经常食枣能提高人的免疫功能。从而起到防病抗衰与养颜益寿作用。

另外，红枣有巨大的养颜美容功效。《本草纲目》记载，红枣有"生津液，悦颜色"的作用。俗话说，"要想皮肤好，煮粥放红枣"。就中医上讲，大部分的女性体质均属偏寒，比较怕冷、容易疲倦、小便清长及血压偏低等，严重的还会因为宫寒而导致月经不调、痛经，甚至不育。再加每月的生理周期，肤色当然不会好。而红枣则性暖，它养血保血，改善血液循环，若经常食用，好处自然是不胜枚举。

红枣补血又养颜，是上天赐给女性的珍宝。红枣能够使女性脸色好看，白里透红，就是因为脾脏得到了滋养。所以说，不是红枣让我们拥有好脸色，而是红枣滋养的脾脏让我们拥有好脸色。

**(2)滋润脏腑的蜂蜜**

蜂蜜能够填补中气、润肺、补脾脏和养胃，这三个正是美容的关键。而且蜂蜜是一味可以长期服用的养生食品，小孩吃蜂蜜，能够促进成长；身体虚弱的人吃蜂蜜，能够增强体质，提高免疫力。

每天早上起床后你可以先倒1杯开水，放温之后，加一勺蜂蜜，空腹喝光，然后再吃早饭，这样对养颜有好处。

**(3)鱼类能够补养脾胃**

传统中医认为，鱼类可以滋养脾胃，补元气，且营养丰富，使身体强壮，所以你的食谱中荤菜类一定要首选鱼。鱼肉也是肉类中最为细腻的，多吃一点无妨。

# 8.轻断食,轻轻松松做"无毒"女人

在生活中,有一些女性由于忽视了自己的生活方式,不注意科学饮食,导致许多毒素留在体内,进而产生了"宿便"。"宿便"是肠内腐败的有毒物质,如硫化氢、硫黄和氢的化合物,毒性很大,其中部分毒素被肠壁吸收进入肝脏,使肝功能降低,不利于肝的解毒,所以才有"宿便"是"万病之源"的说法。如果女性朋友们不将这些致病的废物、毒素及时地排出体外,就会影响到养颜的效果。如果女性体内毒素存积,不是导致肥胖,就是导致脸色暗淡无光,要么就会使痘痘满脸爬。总之,不健康饮食导致的体内毒素淤积,是破坏女性朋友们容貌和心情的罪魁祸首!

断食是排除这些毒素的最好方式,简单易行还很有效,早在元朝就已经有了这样的说法。古代养颜名医朱丹溪说:"睡一二日,觉饥甚,乃与粥淡食之;待三日后,始与菜羹自养;半月觉精神焕发,形体轻健,沉疴悉安矣。"意思是说,不进食一两天,饿的时候吃些清淡的粥,再过三天后吃清淡的五谷杂粮和蔬菜,半个月后身体就会倍感轻松和舒爽,可见,断食具有立竿见影的效果。

根据现代医学研究,断食期间,腹部空虚而饥饿时,身体的排泄功能会明显增强,大小肠蠕动量减少,但肠壁间摩擦增多,迫使折叠处长年积累的"宿便"脱落,以及长期停滞蓄积于体内的陈旧废物彻底排出,全身的血液得到净化。这就好像高速公路发生阻塞时,实行暂时的禁止通行或严格的限制通行措施,可以使道路上原本停滞阻塞的车辆逐渐得到疏散一样。

那么,断食就是什么都不吃吗？当然不是,断食是禁食固态食物,而以清水代之。断食也不要求你一下子就完全进入状态,它需要有断食前的"减食",以及断食后的"复食",一切都要循序渐进,否则只有反效果。

85

### (1)一日断食法

一日断食法就是每隔一段时间后，断绝进食一天。实行一日断食法应逐渐缩短间隔时间，刚开始时可以一个月实行一次，两三个月后可以每周实行一次。

### (2)改良断食法

所谓"改良断食法"，就是在断食期间，可以摄取少量的饮食，比如米汤断食、清汤断食、蜂蜜断食等。

米汤断食法。米汤不仅味道可口，而且具有一定的营养，可以避免断食引起的全身乏力和精神不安，还对胃黏膜有一定的保护作用。因此，米汤断食法非常适宜胃肠功能虚弱的人。

具体做法：先用糙米熬粥，然后将米渣去掉，即成米汤。或者直接使用糙米粉末，熬熟后，不去渣滓，即为米汤。可以根据自己的爱好选择做法。每餐可用糙米25克，熬取米汤一碗。喜欢稍稠点的话，可以用糙米30克。喝的时候加入少量食盐或糖。每日三餐。

清汤断食法。清汤味道鲜美，具有较丰富的营养价值。在断食过程中，很少发生强烈的饥饿感，有的人照常工作，好像没有断食一样。

具体做法：首先将10克海带和10克干燥的香菇放入550毫升水煎煮。待汁液充分煎出后，把海带和香菇捞出，仅留清汤汁。再加入20克酱油，30克黑砂糖或蜂蜜，在冷却之前全部喝完。一日三餐。断食期间，每日应喝纯水或茶水1～2升，其他食物一概不吃。

蜂蜜断食法。此断食法简便易行，尤其是蜂蜜甘甜可口，备受欢迎。

具体做法：每次用30～40克蜂蜜，以350毫升水溶化冲淡后饮用。一日三餐。

提示：在每次断食后的第二天，不可突然恢复平常的饮食量，而应当将饮食量减为平常的70%左右，以免损伤胃肠功能。可能的话，最好吃些容易消化的食物，如稀粥等。特别要注意的是，断食日前后，绝对不可过食。

### (3)月初两日断食法

如果认为实行一日断食法,每周一次,间隔时间太短,难以长期坚持,那么你可以把间隔时间适当延长,选择月初两日断食法。也就是把每月的头两天作为断食日。如果能坚持实行这样的断食法一年左右,同样会收到明显的效果。与一日断食法不同,在实施月初两日断食法的时候,有必要在断食的前一天,将饮食量减为平常的50%;而在断食后的第一天,饮食量也应当为平常的50%,第二天上升为平常量的70%,第三天才可恢复平常的饮食量。如不这样做,就会损害胃肠功能。此外,断食后应该养成充分咀嚼的习惯。吃得快是吃得多的根源,充分咀嚼后,即使食物量较少也很容易获得满足感。在肚子八分饱的时候,就应该停止进食,让身体渐渐习惯少量饮食。

第四章

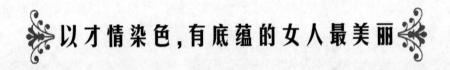

以才情染色，有底蕴的女人最美丽

# 1.多读书，是充盈智慧、美丽终身的途径

作为新时代的女性，拥有丰厚的内涵和扎实的"功底"，与外在的美丽同样重要，因而从阅读中汲取滋养心灵的营养和智慧就成为新知性女人的必修功课。

撒切尔夫人在一次公众演说中说："智慧是优雅女性必备的素养。"可见，是智慧成就了优雅的内在，任何一位女性的优雅与美丽都必须以智慧做底，否则，外在的优雅只是一个易碎的玻璃外壳。一个人的智慧、才华、灵气是生长在一定知识平台之上的，知识越多，女人智慧的底气就越丰厚，美丽也就越能脱出小家碧玉的拘谨，成就大家风范。

一个女人最具魅力之处，即在于心中藏有一座挖掘不尽的精神矿藏，它有能力让自己的美丽与时俱进，任岁月渐长，亦能给人一种常新的迷人魅力。想要获取这种魅力，秘诀就是内外兼修，从美心开始打足底蕴，持之以恒地积累自己美丽的资产。而阅读诗书，正是充盈智慧、美丽终身的途径所在。

阅读的力量即在于以知识充实女性的精神空间，增长女性的智慧，以终生滋养女性的心灵。阅读给我们带来圆融的生命智慧，它是女人生命中最恒久的妆容。

**书，是最经久耐用的化妆品**

女人的知识和教养都是从学习中得来的。以书润心，可以熏染出女人清新淡雅的气息，让女人的聪慧与日俱增。一个不爱看书、不爱学习的女人，很容易被时代淘汰。

然而在这个世界上，并不是所有的女人都爱看书。萍就是一个不爱看书的女人。

萍今年28岁，结婚已经3年，一直没要孩子。婚后萍就辞职了，在她看来自己不需要工作，老公工资高，她只要安心地"相夫"就好。每天，萍早起给老公做饭，送走了老公就打打麻将，做做家务，看看电影，上上网。可不知道为什么，萍觉得老公对她越来越淡漠，每想到这儿萍就很不开心，便立即揣上钱包出去逛街。对她来说，购物可以让她忘记一切不快。

偶尔，她还会和大学时期的好友见个面，把自己的苦水向朋友倾吐一番：老公不爱她了，老公可能有外遇了。在她看来，自己老了，男人当然会把眼睛投向更年轻的女孩。于是，谈话又转向对所有年轻女孩的人身攻击。谈着谈着，就谈到了她那不守妇道的漂亮女邻居，还有另一单元时常对她大献殷勤的男人。末了，她还不忘说一句："不要和别人说，这些事别人知道了不好。"

说到这儿，大家可能以为萍一定是个不修边幅的黄脸婆。可实际上，萍很时尚，她用最好的化妆品，穿最名牌的衣裙。有时间她也要看看好莱坞的片子，吃西式快餐，心情好了还要打打网球，听听摇滚。大学里积攒的英文单词她还勉强记得几千个，歌星影星的名字至少也知道几百……

在萍看来，自己是最懂得生活的女人，她不明白为什么在老公眼里，她竟然那么索然无味。

在我们的身边，有很多女人都和萍一样。大学一毕业，求知欲也跟着毕业了。她们的脑子里来来回回转着的就是男友、老公，偶尔还会关注一下周围人的是是非非，或者是自己的新衣服，以及眼角悄悄爬上来的皱纹。

至于自己的内心，她们想也顾不上想。这样的女人，不管容貌如何漂亮，衣着如何光鲜，认真体味起来都是无味的。女人不看书，就不能时时把自己的智慧翻新。看书可以让自己的气质新陈代谢，一年优雅过一年，就像计算机的系统一样，时不时要跟进，免得落伍。

女人看书应该是一个长期的过程，别以为自己拿了文凭就可以一劳永逸，稍微一倦怠，你就可能被抛在时代的后面。女人的气质修养，要靠长期阅读来培养,仅凭大学里读的几本书是远远不够的。当然,在现代这样一个知识高度集中的时代,没有人能够博览群书,精力与时间都很难保障这一点。所以,在选择书籍的时候,女人可以根据自己的情况自由选择,适当弥补自己知识体系中的一些空白与不足即可。

**读"好"书,得注意营造舒适的阅读环境**

欣很爱读书,不过她读起书来很有讲究。她不肯在工作闲暇时候看书,觉得那样看书太肤浅,看不透书的真正内涵。欣要看书,一定要等下班后,舒舒服服地吃了饭,安安心心地捧本书在书房里阅读。不在自己的书房里读书,欣就觉得不自在,书读得也不痛快。

单位的同事们对欣的"阅读环境论"实在有些不解,最为好奇的几个便决定去欣的书房一探究竟。欣的房子是一室一厅,根本没有专门的书房,这个书房是欣用一个大大的书橱在客厅里另辟出来的。走进书房,似乎就进了另一个天地,与客厅里的感觉完全不同。在同事们最初的想象中,欣的书房一定很香艳,因为单身女孩子都比较喜欢浓妆艳抹式的装修方式,可欣的书房陈列很简单。

书橱上满满地排列着书籍,书架旁边摆着实木的座椅,上面胡乱放着些办公用品。靠窗的位置是一个休息用的沙发,几个造型可爱的抱枕安静地躺在沙发上。沙发的前面是一块方形地毯,地毯上扔着一条毛毯,几个松松软软的大枕头。窗台上,几盆花正开放着,散发着淡淡的香气。

看了欣的书房,同事们心悦诚服。而且身在其中,竟然也有了阅读的欲望。

看来,阅读环境对于读书的影响还真不小。

不过这里要提醒大家,书房的装饰不要过于繁琐、炫目,光线也不宜过于昏暗。很多女孩子喜欢咖啡厅里那种柔和、暧昧的光线,可那种光线实在不适合阅读。书房的家具最好选择一些中性的色彩,书房的墙面、天花板色调应选用典雅柔和的色调，如淡蓝、米白、浅绿、灰蓝、灰绿色等较为合适。窗帘的材质一般选用既能遮光又有通透感觉的浅色纱帘，高级柔和的百叶窗效果更佳。

写字台是书房的主角，一般要放在阳光充足但不直射的窗边，这样在工作疲倦时可凭窗远眺一下以休息眼睛。如果你的书房里有很多电子设备，机器散热很容易使空气变得污浊，所以要保证书房的空气对流畅顺。当然，摆放些绿色植物，例如万年青、文竹、吊兰，也可以达到洁净空气的效果。

### 心理、励志类书籍，教你关照自己的心灵

林可是一个30岁的IT从业者。在她看来，阅读心灵类书籍并不能让她免除所有悲哀，它不可能囊括一切，但是却常常提醒自己沿着幸福之路前进。

林可用在书上的钱并不多，因为她不仅仅从书店买书，更多的是到图书馆借阅，到图书馆借阅的书是完全免费的。林可从来不规定自己看书的频率和数量，只要有时间、有需要，她就会拿书来读。然而，就是这样廉价而随性的阅读，给林可的心境带来了最大的慰藉。

林可看得最多的是心灵类书籍，因为她喜欢书里宣扬的那种宽容平静的心态。正是因为阅读了这些书籍，她觉得只要抱着一颗感恩、施与的心去看待周围的人和事，内心的那种得失感就会荡然无存，工作中的是非压力也会烟消云散。所以，每当林可心情低落时，她就一定会把这些书捧在手里，默默地读上一会儿，用不了多久，心情立即就会得到平复。

林可还推荐大家阅读佛学类书籍，她认为这类书籍很适合现在生活节奏过快的都市人。它往往会以优美的文字和心灵鸡汤式的故事，通俗地传达出深奥的佛学原理，它注重的是心灵上的引导，而非佛学的说教。读这类书，可以让你拥有一个免费的，而且无时无刻不在你身边的心理"导师"。

现代社会，女性的生活是紧张忙碌、压力巨大的。这样的日子日复一日，年复一年，谁都难免会有身心疲惫的时候。这种时候，女人一定要给自己寻

找一个身心憩息的地方，一个让自己可以喘一口气、稍作休整的"小岛"。只有适当地给心灵松松绑，我们才不会像那些候鸟一样，等到自己筋疲力尽的时候，一头栽进大海里。

那么，我们要怎样才能为心灵松绑呢？首先要做的，就是尽力清除困扰在心里的情绪渣滓，不使它们控制你的心灵。具体方法因人而异，但最好的方法是阅读些心灵、励志方面的书籍。

## 2.迷上一个爱情之外的健康喜好

有一位著名作家说过："任何一种兴趣都包含着天性中有倾向性的呼声，也许还包含着一种处在原始状态中的天才的闪光。"拥有自己兴趣爱好的女人是懂得享受生活的女人。

爱读书的女人懂得品味生活；喜欢听音乐的女人懂得体会生活中的跌宕与起伏；喜欢画画的女人则懂得欣赏平凡之处流露的美丽……

总之，拥有自己兴趣爱好的女人，更懂得生活的精髓与本质，她们不断地体验生活，享受生活，使自己的人生更加精彩。

一个有自己兴趣爱好的女人，一定是一个懂得拥有自己空间的女人，她的世界不再仅仅是围着老公孩子家务转，她的内心更加饱满充盈，生活更加诗意。

一个拥有自己兴趣爱好的女人绝不是一个古板的女人，她热情而又灵动，富有活力而又健康。沉浸在自己的世界里时，她是最美的。读书时，她是一种端庄的美；健身时，她有一种健康的美；看风景时，她有一种悠然自得的美。她的美种类繁多，却又无处不在，动静适宜，使她身边的男人沉醉！

　　若瑶是一个懂得生活的女人。学生年代，若瑶有很多的兴趣爱好，她喜欢读书，有时间时总是手捧一本书，一杯清茶，静静地读书喝茶。当初，就是这样一个恬淡的场景吸引了若瑶现在的老公。她的老公说，他在那时才发现女人认真读书的样子很吸引人。若瑶还喜欢听音乐，生活中，无论她碰到多么难过的事情，心情多么糟糕，一曲轻音乐听完，心情顿时放松不少。另外，若瑶还每个星期都去学习瑜伽，长期的练习，使若瑶不仅拥有比其他女人更好的身材，并且气质也更加出众。

　　结婚后，若瑶不仅保留了这些兴趣爱好，而且还增加了新的爱好！她跟着儿子的书法老师学习毛笔字，不仅可以督促儿子学习，而且偶尔地露一手，也常常让人赞叹不已。社区里在搞绿化，若瑶于是也买了几盆花来养，每天浇水修剪，几个月下来，葱葱郁郁，花香扑鼻，放在客厅里，给客厅增色不少。看到老公与朋友下象棋，她也跟着学习，学会后常常邀老公一战，夫妻两个楚河汉界，刀光剑影，你争我杀，不亦乐乎。

　　更重要的是，若瑶有了自己的生活空间，不再像别的女人一样每天因为无事可做就盯着老公和孩子挑毛病，弄得家里乌烟瘴气。相反，她每天都在忙着自己的事情，下班做好家务事后看看书，听听音乐，有时应老公的邀请和他下一盘棋，和儿子练练书法，全家人一起娱乐，外人都称之为"全家总动员"。而没有压力和争吵的生活也使若瑶越活越年轻，显得更有魅力。

　　若瑶的故事告诉我们，女人在拥有自己的兴趣爱好后，不仅有了自己的空间，让自己更加快乐，也使家庭的氛围更加良好。有自己兴趣爱好的女人是美丽的，她的美丽是对生活的一种从容。她可以把生活的压力，人生的不快转移到自己的兴趣爱好中，使自己活得更加从容快乐，也使家人更加幸福。

　　一个懂得生活的女人必然热爱生活，而兴趣爱好则是她热爱生活的体现。这些兴趣爱好，可以让你更加充实，也可以让你更加坚强地面对生活中的低谷与挫折。

那么具体来说，女人应该培养哪些兴趣爱好呢？

◎瑜伽

瑜伽是现在社会很时髦的一种运动，起源于印度，尤其适合女性。瑜伽不仅可以减肥，还可以舒缓神经，调节女性内分泌，使完全放松的身心得到净化，让你更具有女人味。现代女性，不妨把瑜伽作为自己的兴趣爱好。

◎多读书，调剂生活

英国哲学家培根说："读史使人明智，读诗使人灵透，数学使人精细，物理使人深沉，伦理使人庄重，逻辑修辞使人善辩。"罗曼·罗兰也说："和书籍生活在一起，永远不会叹息。"读书，可以让女人更加聪慧，可以为女人注入新鲜的"血液"。书本赋予女人的不仅仅是丰厚的文化底蕴，更是一种对生活从容的态度，一种成熟女人的魅力。所以，女人，让读书作为你最华丽的装扮吧！

◎常听音乐，神清气爽

音乐能渗透人的整个生命，贝多芬说："音乐是比一切智慧、一切哲学更高的启示，谁能渗透我音乐的意义，便能超脱寻常人无以自拔的苦难。"海顿说："当我坐在那架破旧古钢琴旁边的时候，我对最幸福的国王也不羡慕。"柴科夫斯基说："音乐是上天给人类最伟大的礼物，只有音乐能够说明安静和静穆。"

音乐能舒缓女性脆弱的神经，消除女性沉重的压力，还可以陶冶情操，提高素质，使你成为一个更加有修养的女人。所以，女性不妨多培养自己在音乐上的兴趣。

## 3.做自己的美丽偶像

年少时，我们总爱给自己找个"偶像"，多半是艺人、明星之类的，我们或者被他们的外貌征服，或者为他们饰演的某个角色倾倒，然后疯狂地收集他们的卡片、宣传画、衣服、物品。总之，他们就是我们的标杆，我们努力的方向。

后来，年纪大了一些，开始明白所谓的"明星"，都有虚幻不真实的一面，我们爱上的，不过是某个角色，明星本人跟我们没有什么不同。于是，我们调转方向，开始膜拜一些成功人士、成功学大师。我们把他们的各种格言、语录当做信仰，买他们的传纪来读，把他们的智慧、宝典发在微博、微信上，好像按照上边说的做就一定能成功一样。

最终，我们开始对这些表示怀疑。我们复制不了他们的成功，因为这个世界上只能有一个乔布斯，一个马云，一个奥巴马。

偶像倒台，我们开始迷茫，看不清前行的方向。就像很多人说的："我就像一只爬在玻璃上的苍蝇，看得到光明的前途，却找不到有效的出路。"

不用迷茫，更不用慌张，其实，这个时候恰恰是你塑造新偶像的最佳时机，因为你自己就是最美丽的偶像。你有很多潜质、天赋被锁在房间里，你在世俗的标准束缚下，放弃了那些原本属于你的特质。同时，你又浪费了太多的时间去羡慕别人的城堡、别人的特质。为什么不能反观自身，在自己身上找到最优秀、最美丽的一面，独自探索出一条属于你的成功之路呢？

荣格曾说："与其做好人，我宁愿做一个完整的人。"在努力做"好人"，努力追求别人的承认的同时，我们是否已经迷失了真实的自我？一个人一旦丧失了自己，连照镜子的时候都不认识自己，那又怎么可能成为成功者，去做别人的偶像呢？

前任惠普总裁菲奥莉娜曾经有过很长一段"自我迷失"时期。大学时，她选择了历史专业，毕业后她决定读研究生继续深造，却在专业选择上犯了难。发自内心地说，她喜欢历史、哲学、宗教这类知识，觉得很有意思，但是父亲很希望她在法律上有所建树。为了让父亲开心，菲奥莉娜违背了自己的意愿，选择了法学院。但是，不幸的旅程从此开始了，繁重的课业压得菲奥莉娜喘不过气来，她的身体状况越来越糟，她失眠、神经衰弱、头痛，各种各样的小毛病似乎联合起来让她的身体罢工。她觉得自己已经看到死神的狰狞面孔，如果再继续下去，自己的小命就完蛋了。究竟是拿性命做赌注，完成父亲的心愿，还是孤注一掷，选择自己的最爱？菲奥莉娜在认真权衡之后，终于鼓足勇气，做出了一个让家人、朋友瞠目的决定：退学。

这样一个决定，在她那个被"成功"笼罩的家庭里是多么不可想象。她的母亲是位艺术家，父亲是律师，又是知名学者，常常到不同的大学去任教。从这样一个家庭环境走出来的她，怎么能做一个半路退出的"逃兵"？可是，如果不当"逃兵"，她连小命都没有了。

菲奥莉娜决定遵从自己的心，毅然决然地退了学。没有了法学硕士的光环，菲奥莉娜只能以一个历史系本科生的身份去投简历、找工作。在起步阶段，她做的就是最基础的前台接待员工作，但她很开心。她喜欢跟公司里的人打交道，她觉得在活生生的职场里学到的东西比书本里要多得多。她住的是廉价简陋的房子，但是她快乐，她自食其力。终于，皇天不负有心人，她逐步积累起来的工作经验在日后发挥了重大作用，她顺利地进入了惠普公司，并逐渐走向高层。

后来，菲奥莉娜取得的成绩是有目共睹的，全世界不知有多少女孩、女人把她当做偶像。她漂亮、智慧、有手段、有魄力、有勇气，她简直是上天的宠儿，集万千宠爱于一身。有几个人会用"中途辍学的法学逃兵"来称呼她？有时候，逃也是一种力量，舍去那个法学硕士的光环，才能让自己过得轻松、快乐。菲奥莉娜就是这样在漫长的"阴影"跋涉中找到了那个曾经丢失的自我。

荣格最初发明"阴影"这一心理学术语，是用来指我们的人格中遭受刻意压抑的部分，压抑的原因可能是恐惧、无知、羞耻心，也可能是爱的缺乏。他对阴影的定义很简单："阴影就是你所不愿意成为的那种人。"没有人愿意成为逃兵，没有人愿意成为中途放弃的弱者。但是换个角度看，放弃这条路，不是还可以选择其他的路吗？我们又何苦为难自己，复制别人？要追随光明，你就必须拥抱黑暗。当消极的思想和情感受到刻意压抑时，与之相对应的积极思想和情感也会被波及。如果我们否认自己的丑，就会削减自己的美；如果我们否认自己的恐惧，就会削减自己的勇气。在积极与消极两个方面，我们每一个人都拥有无法估量的潜力，既有可能成为最杰出的伟人，也有可能成为最无耻的小人。

古代波斯诗人鲁米曾说："天啊，当你认识到自己的美，你就会成为自己的偶像。"只有尊重自己内心的声音，不活在别人的期待和目光里，你才能看到自己的美。

# 4. 美貌会凋谢，智慧却会增加

女人可以不美丽，但不能不智慧，智慧能重塑美丽，唯有智慧能使美丽长驻，能使美丽有质的内涵。人的追求不完全来自外貌，它主要来自人的内在力量。漂亮自然值得庆幸，但并不代表有魅力，有气质。人的相貌是天生的，人的审美观念则是后天形成的，这自然也是客观存在。外貌漂亮的确是一种优势，但在这个世界上，天生尤物毕竟为数不多，大多数的芸芸众生都是相貌平平，而这些相貌平平甚至有些丑陋的女人所表现出的美，就是其内在的品德修养所散发的气质与智慧。

女性的智慧之美，可以甚过容颜，因为心智不衰；可以超越青春，因而智慧永驻。"石韫玉而山晖，水怀珠而川媚"，古人陆机是这样品评智慧之美的。

"智慧之美"的魅力，是拥有独立自主的意识状态和自尊自重的情感状态。她们勇于接受来自各方面的挑战，她们善于从大自然与人类社会这两部书中采撷智慧，她们不再留有"男性附庸"的余味。

富于智慧的魅力，善于对日常应用的思维方式和行为方式进行艺术的提炼。例如，遇人遇事如何以有效的思维方式，迅速采用最恰当的接待方式，以便使行为方式表现出稳重有序、落落大方的风度。所以，智慧也是风度的"清洁剂"。

有智慧的女人有自己的想法，会独立思考，不会随波逐流，人云亦云。她们不一定十分漂亮，但是气质高雅、风度迷人、修养高深，很有涵养；她们不一定非常有文化，但是能明辨是非，善于化解矛盾、能力很强；她们不一定很有财富，但是善于理财。她们不因美貌活着，只用智慧经营人生，她们是美丽的，她们的生活过得很充实，能按照自己的意愿生活，所以她们是满足的。

有智慧的女人是快乐的。她们活色生香，心理健康，自信、自尊、自强、自立，谈吐风趣而丰富，既能给别人带来快乐，同时也快乐着自己。她们拥有幸福的法宝，因为智慧让她们认识到世界的丰富与广阔，让她们能洞悉世事百态和人间万象，淡定面对荣辱，化挫折为动力。她们的心中每天都盛开着一朵幸福美丽的花，她们的脸上没有郁闷和忧愁的烦容，你更听不见她们的抱怨和叹息，她们是从容的、幸福的、美丽的。

美丽是一个专属女人的词汇。美其实与爱情一样是难以企及的境界，很多女人往往穷尽一生，也只能达到漂亮，而不够美丽。

俗话说，30岁前的相貌是天生的，30岁后的相貌靠后天培养，而美丽需要长年累月的培植。相由心生，我们的容颜和气质最终是靠内心滋养的。你所经历的一切，将一点点地写在你的脸上，每天美丽一点点，你能为自己做的便是不断的滋润，而不是消耗和透支。青春已逝，但美丽可以永存。

女人一旦拥有了真正的智慧，就会与市井中、弄堂间的小聪明和小伎俩有质的区别。智慧与人的领悟力有关，大至人的命运，小至日常生活，悟性使女人在面对大小问题时懂得分寸，能够有明智的抉择。智慧绝不是天生的，学识、阅历以及善于吸取经验教训，都会使一个女人迅速成长起来。

智慧就这样一点点从内心雕琢一个人，塑造一个人。智慧使女人能真正把握好自己，并获得从容自信，最后周身散透出超然的洞明世事的气质，从人群中脱颖而出。

美丽之所以令人怦然心动，正是因为有着来自心灵深处的爱。实际上，爱更是美丽最重要的素质。温柔和激情，是爱所必需的。恋爱中的女人容光焕发，自有一种难以言表却早已溢出身外的动人美丽。圣母同样以圣洁之爱著称于世，在她所有的画像和雕塑中，她的眼睛总是全神贯注在上帝之子身上，其实她爱的也是她自己的孩子。在她的眼睛里，我们读到的不仅有温柔，还有激情。

爱因为充满温柔和激情，所以能吸引人。魅力在很大程度，其实就是来自女人身上的爱意。我们有时说这个人有女人味，肯定不是指她樱桃小口、明眸皓齿，或者新月眉小蛮腰，而是她通体散发出的气息、温柔和爱意。如果说，智慧是一帧完美的素描，爱才真正使女人增色。

相比于智慧和爱，美容化妆仅仅是女性生活中的日常细节。善待自己，善待我们每一天的生活，就好似我们每天都要对居室收拾打扫，智慧与爱并存的女人也决不可能让自己蓬首垢面，无论是人前还是人后。

智慧，是闪光的金钥匙，是开启成功之门的法宝。它可以让你大放异彩，脱颖而出。

在一次"香港小姐"选拔的决赛中，为了测试参赛者的思维敏捷程度和应对技巧，主持人提出了这样的一个问题："假如你必须在肖邦和希特勒两个人中间选择一个为终身伴侣的话，你会选择哪一个？"

对于这个问题，绝大多数的参赛小姐都选择了肖邦。答案自然不能算错误，但是不够有特色，显得人云亦云，千篇一律。

其中一位参赛小姐是这样回答的："我选择希特勒。如果我嫁给希特勒的话，我相信我会感化他，那么第二次世界大战就不会发生，也不会有那么多无辜的百姓家破人亡了。"这位小姐的巧妙回答赢得了人们的掌声，因为这位小姐不仅出人意料、与众不同地选择了希特勒，而且作出了合情合理的正义善良的回答。

不要为长相平平没有吸引力而沮丧，应该学会取长补短，用智慧和善良弥补外貌的不足。久而久之，你就会变得超然，变得自信、自爱、自强，能对他人多一份在意，对自己多一份自律，对待好人多一份感激。

美貌会凋谢，智慧却会增加。智慧不仅来自学历，更重要的是来自生活体验后的感悟和总结。人生不同阶段有它不同的智慧和理念，可以互补，但不可互相代替。特别是在多元文化碰撞的大环境下，智慧更是脱颖而出的必备因素，因为视野一开阔，外表的美丽就在人们中习以为常了。而且，如果一位美丽的女人不把美丽作为利用的资本，而是靠实力进取，那么她才是智慧的美人。

# 5.“玩”出一份好心情

很多女人为了事业的成功只会工作而不会娱乐，整日像机器一样疯狂地运转。人类的文明创造和高科技的娱乐场所，她从来没有享受过，这也不是一个真正成功的女人。要知道，几乎是最成功的居里夫人也都把娱乐列为成功的因素之一。21世纪的成功人士，一定是会工作，同时也会休息娱乐的人。因为，学会娱乐是为了更好的工作。其实，娱乐休闲也是极有价值的生活，人们能从休假中获得更大的益处和更多的生命资本。

这是最浅显的道理。与其花钱去医院看病吃药，不如到乡间去寻找健康，自然界的治疗能力要超过一切的人工产品。每年放长假时，坚持到乡下去呼吸新鲜空气、娱乐健身、休闲度假的人，会更少地与医生、药物发生关系的。

看看那些家庭主妇，她们终日被困在家中为家务操劳，为琐事烦恼，显然，她们太需要到大自然中去休息一下了。这些女人，时间一久必定弯腰弓背，好似枯萎的花木，非常需要田野森林来丰富她们的生活。

聪明自信的女人会不惜代价，去换取娱乐休闲的时间。从此以后，她们就能带着清醒的头脑、诱人的魅力、饱满的精神和新的希望，她们简直像一个新人，不再感觉疲劳和厌倦，而是充满了愉悦和快乐。花掉一些时间，可以使你重新获得充沛的精力，使你重获应付各种问题的更大能量，使你对生命、对工作、对事业有一种新的认识和愉快的感觉。

在快节奏中工作的现代女性更应该善待自己。成功女性也要学会痛痛快快地享受生活，彻彻底底地放松自己，当今的女性休闲娱乐越米越丰富多彩，也一定会让你"玩"出一份好心情。

"健身"也许不属于一般的休闲范畴，但对一些工作繁忙的白领女性而言，健身已经成为她们最自觉自愿参加的休闲活动了。她们在那里挥洒着汗水，舒缓着压力，她们在富有节奏感的动作中忘却烦恼、忘却疲倦，她们得到的不仅是光彩的容颜，更有一份"身体是革命本钱"的自信和从容。

每周三下午下班后，朱涛都要和几个同事结伴到首都体育馆包下几块羽毛球场地，大汗淋漓地打上两个小时。在没锻炼之前，朱涛每天早上一起来就晕晕乎乎的，要是不喝一杯浓咖啡，她一天都睁不开眼。可现在，她每天头脑都特别清醒，工作效率也提高了。打球是她自认为最好的选择，跟同事们一起，全身的每个骨节都是放松的，这是最为彻底的休闲娱乐。

的确，对于众多忙于工作，忙于应酬的女性，休闲的意义就在于此。新世纪女性的休闲不是放纵，不是傻玩、疯玩，而是需要在休闲的基础上还有所收获。不仅是打球，游泳馆、健身房、舍宾俱乐部，等等，凡是与"锻炼身体"有关的场所，都能吸引众多的职业女性，在劳累一天之后，换上时髦的运动服去健康消费。这也是因为她们太需要让全身的骨节都放松一下的缘故。

娱乐休闲还有一种很特别的方式，就是聊天。中年女性是家庭事业中最忙碌的一族，然而许多中年女性再忙也不会放弃每月一次的同学聚会。这是目前许多中年女性热衷的聚会，因为大家在一起可以畅所欲言，从而缓解心中的压力，赢得自信的自己。

李桦是某进出口公司的职员，10多年前一起读研时的女同学，如今都在各家公司供职。一年前学校举行校庆时，大家曾在一起议定，以后每个月聚一次会，由各位女同学轮流坐庄。自那以后，每个月大家都会相聚一堂，交流各自的工作体会，畅谈社会、家庭的变化。这成了各位女士们最为喜欢的一件事。

成功女性平时工作、生活、学习都比较紧张，她们需要有一种较为轻松的休闲活动，于是许多成功女性便选择了聚会，有老同学的聚会，也有同事间的聚会。她们不拘形式，只希望通过聚会来放松自己，同时也能相互交流信息，促进了解，增进友谊。

## 6.培养女人味——静若清池,动如涟漪

　　女人要有女人味。女强人不可爱,小女人无法爱。无论你是高级白领还是普通家庭主妇,你要想有女人味,就少不得女人应有的温柔、温顺、贤惠、细致和体贴。在传统和现代之间寻找一个平衡点,在追求性感火热的时尚之美时,不摒弃传统古典的雅致婉约,在事业上与男人比翼齐飞的同时,也不失一个小女人的小情调、小手段和小幸福。

　　女人味首先来自于女性的身体之美。一个有着柔和线条,如绸般乌黑长发,以及似雪肌肤的女人,再加上湖水一样宁静的眼波和玫瑰一样娇美的笑容,她的女人味会扑面而来。然而女人味更多地来自于她们的内心深处。一个有着水晶一样干净的心的女人、一个温柔似水、善解人意的女人、一个懂得爱人的女人,她的女人味会由内而外,深入人心。

　　女人味,静若清池,动如涟漪。能凭自己的内在气质令人倾心的女人,是最有女人味的女人。

　　凡世间女子,必游荡于淑女与泼妇之间。泼妇自然是没人想做的,做一个优雅的女人,有味道的女人,则是每个女人殊途同归的美丽梦想。不独如此,男人也在呼唤淑女回归,多少男人在为女人失去温柔而叹息。

　　做女人一定要有女人味,女人味是女人的根本属性,女人味是女人的魅力之所在。女人没有女人味,就像鲜花失去香味,明月失去清辉一样。女人有味,三分漂亮可增加到七分;女人无味,七分漂亮降至三分。女人味让女人向往,令男人沉醉。男人无一例外地会喜欢有味的女人,女人征服男人的,不是女人的美丽,而是她的女人味。

　　身为女人,若缺少女人味,就无异于在男人心目中被判了死刑。女人味是女人的神韵,就像名贵的菜,本身都没有味道,靠的是调味,女人味如火之

有焰,灯之有光。女人味是一樽美酒,历久弥香,抿口便醉。

物质堆砌不出来女人味,化妆品只能造就女人的皮肤,情调不足则索然无味。漂亮的女人不一定有女人味,有味的女人却一定很美。一朵花可能花瓣妖娆,姹紫嫣红,却不一定暗香浮动,疏影横斜。外表漂亮是最靠不住的,美丽的外表会被时间的齿轮磨得失去光泽。

女人味是月光下的湖水,是静静绽放的百合。拥有女人味的女人,是一个晶莹剔透的女人,一个柔情似水的女人,一个善解人意的女人。

女人味还来自于女人的美德。不善良的女人,纵使她倾国倾城,纵使她才能出众,也不是个优秀可爱的女人。

女人味,静若清池,动如涟漪。朱自清先生有过这样一段对女人的描述:"女人有她温柔的空气,如听萧声,如嗅玫瑰,如水似蜜,如烟似雾,笼罩着我们,她的一举步,一伸腰,一掠发,一转眼,都如蜜在流,水在荡……女人的微笑是半开的花朵,里面流溢着诗与画,还有无声的音乐。"

女人味是一股品位,没有品位的女人,任你如何修炼都只能是浅显苍白的。女人味是一股雅味,一种淡雅,一种淡定,一种对生活、对人生静静追寻的从容。有独立的人格,独立的经济支撑,独立的思想境界。女人味是一股韵味,温柔是女人特有的武器。有女人味的女人是何等柔情,她爱自己,更爱他人。她是春天的雨水,润物细无声。她是秋天的和风,轻拂你的脸庞。她以女性的特有情怀,放开胸襟去拥抱整个世界。

记住,现在是最好的时光。现在的你眉目舒朗,轻松自在,不谈过去,也不太寄望未来,你只对眼前或者再前一步的东西感兴趣,一切东西,在你那里,都在可与不可之问。做一个让人舒服的女人,没有进攻性,没有侵略性,到了温润如玉的地步。让我们一起看看如何培养"女人味"。

**(1)从里到外,学会温柔**

从语言到仪态,从服饰到性情,处处都弥漫着温柔的气息。温柔不是软弱,而是一份坦然。在面对艰难时,温柔的女人从不抱怨,以温柔一笑面对新的生活;在面对幸福和富足时,温柔的女人不会炫耀自己如何受到家人的宠爱,如何富裕,只要温柔一笑,幸福感便溢于言表。女人的温柔是大度、仁厚和悲悯的,温柔是一种教养,无法速成,所以女人不要小看了温柔。

**(2)少发牢骚,学会宽容**

在办公室,费力不讨好的总会是爱发牢骚的人。家人也会因为你的唠叨而无法体谅你,很容易和你产生冲突。一个有修养、有气质的女人不会对什么事都看不惯,更不会在他人背后说三道四。女人不妨宽容一些、豁达一些。

**(3)远离嫉妒,学会欣赏**

大多数女人天生是爱嫉妒的动物,但即便如此,也不要因为嫉妒而无理取闹。要心胸开阔些,时刻保持一颗健康的心态。

爱嫉妒的人,一定要放开眼界,积极地去克服这一性格上的弱点。要知道"天外有天,人外有人",比你强的人会有许多,你若是懂得尊重、欣赏别人,你的心就会每天都如艳阳天般光明灿烂。

**(4)培养审美观和艺术气质**

由内而外散发出文化气质的女人,连别的女人也会喜欢的,更别说是男人。仅仅拥有外表上的华丽和高贵远远不够,会显得很肤浅,你还需要坚实而丰富的内涵,即良好的文化修养。

**(5)感性一点**

感性的女人是会自我欣赏的女人。有人说:"一个完美优秀的女人不能缺少感性,否则就谈不上可爱;也不能缺乏性感,否则就不是女人。"

**(6)学会打扮**

女人要根据不同场合选择不同的妆容来打扮自己,还要会使用香水,会搭配美丽的衣裳,会背经典的诗文。女人的美是要多方面的,精致得体的装扮、优雅的举止、丰富的见识、谦逊温和的态度都会让你赢得满堂彩。当然,女人还能给自己装点一种心情,给别人装点一处风景。能正确自我欣赏的女人大多具有较好的涵养,不会一知半解地自以为是。

**(7)心地善良**

爱惜弱小、尊重老人,会让一个女人看起来美丽可爱。善良是一种良心的选择,女人有了它,就仿佛有了一颗柔软的心,功利被驱散了。让自己学会厚道一点,多一些同情心,送人玫瑰,手有留香。

**(8)知足常乐**

知足的女人最快乐。知足的女人只要是觉得幸福了,即便只是一个笑容也会让她感觉拥有了全部。也许这样的女人还不知道,或者还不曾注意到自己非常容易满足的性格,这其实就是快乐人生的要领和真谛。

**(9)永远自信**

自信就是即便全世界的人都不相信你能做好, 你也有勇气去尝试的执著的精神。自信是自卑的克星,它们总是此消彼长。自信的女人总是透出一种让人折服的气质,总是透着一种吸引人的魅力。

# 7.女人缺少底蕴的9种举止

女人大多注重外表,但聪明的女人一定懂得,内外兼修才能立于不败之地。底蕴深厚的女人聪明、善解人意、爱好艺术、富有内涵,并且眼光独到。她们活着就注定会为了实现梦想而百折不挠、千辛万苦地去努力奋斗,这其中的每一段经历都是一种财富,积淀下来就能成为底蕴的一部分。

底蕴是一个长期积累的过程,在这个过程中,你需要时刻停下来反省一下,看看下面9种举止,这些都是众人眼里公认的"缺少底蕴"的表现,有则改之,无则加勉!

**(1)举止轻佻**

遇到有型男在场的社交派对,你从女士堆里面第一个走到他的面前交换名片,以示你的魅力无限。不过,你可能没在意自己走动时过于摇摆的腰部,谈话时为扮性感而过于甜腻的声音,妒忌你的女同事们会以风言风语的形式将此事迅速传播到公司的领导耳中,导致你的可信指数迅速下降。

你已经很清楚脱颖而出、引人注目的道理,毕竟,灰姑娘是没人理睬的,回头率和追光度的保持,有利于增强你的自信。可是,露脐装之类的服饰,最好还是留给你的表妹,穿吊带衫出门时最好再加个披肩。成熟女人至少在外表上是落落大方的。

对了,姐妹们发给你的手机短信就别再转发给异性了,这些可以共勉的话未必适用于所有人。记住,有深度的魅力来自于你由内而外的气质流露,而不是一时的才艺展示。

### (2)爱慕虚荣

你又不是二十岁,过生日还摆什么排场,如果没有男友送花,你也不要自己偷偷地打电话到花店去,要求他们送花上门,并一定要求有三名以上女同事在场。已经是过家庭生活的两口子,情人节就更没必要苛求另一半了。最新款的手机不是专门为你设计的,显摆有余,有些功能你其实用不上,特别是看上去薄薄的但价钱却非常贵的那几款,你隔着橱窗欣赏也就可以了,毕竟,他的钱是要用来养家的。

可以理解女人都喜欢光鲜的外表,但那些代言高级化妆品牌的女星们用的都是免费的赠品,甚至用了还能赚钱,你和她们根本不在同一起跑线上。所以,你也别太强求自己,凡事量力而行。买东西实际些,会让你更有居家女人味。否则,在男人心目中,你永远都不是一个相夫教子、持家有方的女人。

### (3)冲动消费

相信你在路过挂满漂亮衣服的橱窗时,也会下意识地摸摸银行卡,如果说每次消费你的内心像有天使在飞,那么你最好在消费前就想起"冲动是魔鬼"这句话。

那副墨镜,你是不是买了之后就扔进抽屉,从此再也没有理睬过?街边新开的精品店里的那个进口的娃娃,贵得离奇,在义乌十块钱就能买到的,你是否一时兴起买回家后，就再也没有打开过盒封？

没错，你有着普天之下所有女人都有的爱好，痴迷于花钱收购一些根本用不上的玩意，你会在拥有它的瞬间，感受到唯"物"主义者的快乐。至于实用性、使用价值、性价比之类的术语，你很少在乎。

如果你只负责在消费的时候冲动一点，在冲动的时候消费一点，那么难怪在别人眼里，你总是一个爱乱花钱的小姑娘。

### （4）爱情幻想

你是那种口口声声说自己单身没有爱人，身边却从来不缺爱情的人，郁闷过度时还会在茫茫的网络或昏暗的酒吧中寻找一份快餐式的爱。少女时代的你，是个完美主义者，觉得自己仙女下凡，一定要找个王子，不一定是阿拉伯的，但至少也是阿富汗的。

对即将开场的爱情故事中的男主角，坚持着高大全的形象标准。后来你遇到了男人甲乙丙丁，相处下来都不怎么满意，于是开始觉得生活在远方，爱情在别处。再后来，你又通过朋友介绍遇到了男人ABCD，你以为自己阅人无数了，够成熟了，于是由衷地感慨"早把男人看透了"，以及"没一个好东西"云云。

其实，你还没弄明白自己压根就是个爱情幻想主义者。大家可以理解你在年少无知时做过的那些爱情美梦，可是在现实中磨砺了这么久，你依然不肯脚踏实地的生活，一方面约会不断却总是不肯真情投入，另一方面又眼巴巴地盼望着极度浪漫的事情发生在自己身上。

你抱着这样的感情态度来生活，显然，除了身体越来越成熟之外，你一无所获。

### （5）乱发脾气

有人的反应总是慢半拍，而你恰恰相反，是一触即发型。因为男友对你着装的一句过分评价，你会立即在大街上甩开他的臂膀，让他在众目睽睽之下想找地洞钻进去。在你的情绪阴晴表上，晴转多云，短时阵风，有时阵雨的居多。

如果说偶尔的娇嗔还可以增添几分你的可爱，那么请相信，没几个男人会受得了你习惯性的发飙。至少有十大理由，可以向情绪化、爱流泪的你解释为什么不要乱发脾气：有伤肝败胃说，催老折寿说，影响工作说，亲和力下降说，女人味流失说，有损形象说……人生本来就是喜怒哀乐交杂在一起的混合体，发脾气是一种正常的现象，但乱发脾气显然是性情不成熟的表现。

**(6) 张弛无度**

说说你的事业方面吧，你是否经常丢三落四？经常异想天开？三天打鱼两天晒网？业务上舍本逐末，不分主次？如果你想预知自己的事业有没有美好前景，是能当领导，还是只能当领导夫人，其实并不需要检验自己有多少雄才伟略，只要检查一下你的手提袋里面是杂物横陈还是井井有条，或是反省一下你的博客日志上，究竟是写满了白日梦和写意诗，还是有条不紊的工作计划。

一个做事有计划、计划能落实、落实有效果、效果很明显的人，会受到任何老板的欢迎，如果情形相反的话，那么别拿什么"计划不如变化快"来做借口，你变化快，是因为你压根就没有什么计划。要不是因为性别够稳定，你连成为领导夫人的可能性都很小。

**(7) 心胸狭隘**

新来的女同事比你更受领导欢迎了，比你更年轻漂亮了，穿的衣服比你更时尚了，真是让你感到十分不爽。同事之间鸡毛蒜皮的小事，来回两句言者无意的调侃，立刻会引起你莫名的妒忌。你开始行动了，虽然没有绝对的恶意，但你控制不住地要在背后说对方坏话，嘲笑一下她的糗事，讽刺一下她的着装……

女人诚然是一种好妒的动物，在某些方面，缺乏开阔的胸怀，经常易走极端。可是你要知道，成熟的人懂得宽容，懂得求同存异。想想你男友这么多年来对你的容忍和理解，要是你也像他那样胸襟宽广些，那么你们办公室的气氛肯定会融洽很多，而你的人缘也会更好。

### (8)任性自我

打从小女孩开始，你不用教就学会了吵着要吃雪糕、要买新衣服，长大了，你还是这样。周末，男朋友要是没陪你过完逛街瘾，你也不管他是要加班，或是公务应酬，一个字：闹！敢违背我的意志！敢不服我的命令！敢不听我的话！……行了，你还是打住吧。

蛮横无理、自以为是的女人，不换位思考、不顾及他人的女人，甚至专横跋扈、极度自我的女人，在大家心里不可能会是个可爱的女人。耍耍小性子、发发小脾气没关系，及时打住就行，男人就烦那种过度任性，在任何场合之下都不替别人着想的女人。成熟的意思里，包含了懂得怎样尊重他人，以及如何心存感恩。

### (9)年长无知

有很多女人和你一样，大龄高龄危龄了，兴趣爱好还停留在逛街游玩上，不懂得社会人生，更顾不上事业发展。

没有忧患意识、得过且过的人，在遇到人生的波折时，遭遇的打击经常是毁灭性的，所谓"无知者无助，可悲又可怜"。如果说十五六岁的花季少女年幼无知尚可原谅，那么，拥有花季少女双倍年龄的你，如果还跟十多年前那样简单幼稚，天真烂漫，情商智商都没有明显提高，那就是你的不对了。

并不是你对明星八卦如数家珍就证明你博学，并不是你看的电视剧多就表明你对人生理解深刻，并不是你打字打得快就证明你电脑水平很高，并不是你会开玩笑就证明你是业务谈判上的能手……知识同样有深浅之分，涵养同样有深浅与否，这取决于为人处世点滴的日积月累，取决于你对自己的要求与期望。

如果和年轻人相比，你多的只是几年来的上班考勤记录，那么，迟早有一天你会失去长者应有的地位。

111

## 8.会理财的女人最优雅

女人和男人一样,也需要积累资本,需要理财,如果单纯地幻想着嫁个有房有车有存款的"款"男,去享受物质生活,不如做个聪明女人,自己创造美好生活。这样也可以找一个自己爱和爱自己的男人,不必为米面油盐而操心,纯粹就是享受爱情和生活,没必要为钱降低自己对男人的品位。

会理财的聪明女人,拥有自由自在的精彩生活。见面相互问声:"理财了吗?"那种气定神闲的优雅散发着都市女性自信的魅力。

女性的先天个性就是喜欢购物消费,然而哗哗流走的钱,换来的很可能只是一时的痛快和长时间的窘迫。因此,女性有必要为自己制定开支预算,再配合能力投资以保障个人财富。事实上,女性比男性长寿,但就平均收入来说,还是要比男性少,因此女性只有早日展开理财大计,未来的生活才会更有保障。善于理财就是时代对女性提出的新要求。

令人欣喜的是,众多的现代女性已经开始走出传统家庭的狭小圈子,关注投资领域,关注时尚潮流,关注自己的生活品质,这俨然成了她们营造美丽人生的"三大法宝"。她们越来越不满足于银行存款这种单一的理财方式,保险、基金、股票,甚至外汇买卖,这些专业的投资渠道和产品也开始引起她们的注意和兴趣。不少受过高等教育、拿着较高薪水的职业女性,开始把理财规划当成自己职业规划和人生规划的重要部分,并把理财当作是实现财务自由的必经之路。

下面10点建议送给那些渴望精明理财,提升生活质量,增加个人财富的女性。

**(1)更新观念。**别再把不懂花钱当成小女人娇羞的一部分。如果以前的女人可以用对老公嗔作为摆脱财政赤字的途径,今天的你却休想让冷酷的钱包发善心。今天的女人不仅要自己赚钱,自己攒钱,还要学会自己投资,为自己计划未来。

(2)**学习理财**。老妈妈的节省原则不适用于现代的生活方式，铺天盖地的广告在给你享受的同时，让你的财政困难重重。你需要利用业余时间学习理财的知识，了解相关的技巧。

(3)**设定目标**。不管做任何事情，都需要一个目标才不至于迷失方向。理财也是一样，为自己设定一远一近两个目标，比如未来二十年的奋斗目标和每个月的存款数。这样你再花钱就会有所顾虑。

(4)**强制储蓄**。每月发薪后就将其中的一定数目，比如20%存入银行，从此决不再打这笔钱的主意。那么若干年后，这就将是一笔可观的财富。如果不这样做，这笔钱就很容易被花掉，而且你也不会感到生活宽裕多少。

(5)**多种投资**。女性对于需要冒险精神，判断力和财经知识的投资方案总是有点敬而远之，认为它太过麻烦。但是当她们简单地将钱存入银行，而不去考虑投资回报和通货膨胀的问题；或是太过投机而使自己的财产处于极大的失败危险之中时，她们却忘了这将给她们带来更大的麻烦。

(6)**储备应急**。为了应对意外的花费，平时就要存出一项专门的应急款，这样才不会在突然需要用钱时动用定期存款，从而损失利息。

(7)**精明购物**。对于每个人来说，实惠的含义各不相同，有人可能是大甩卖时的拣货高手，有些人则信奉宁缺毋滥的购物原则。由于个人收入水平、生活方式的差异，"精明"二字的解释也各有不同，所以购物时千万不要随大流。要记得，适合别人的不一定适合自己。

(8)**小气生财**。和开源相比，节流要容易得多，而且从节约水电费这样的小事做起，日子久了，就会收到聚沙成塔的效果。而且这种节俭的生活方式也更加环保。

(9)**坚持记账**。记账可以找出自己消费中的漏洞，还可以作为制定下月支出、调整消费结构的依据。

(10)**开拓财路**。对于精力充沛又少有家事之累的年轻人来说，利用业余时间兼职不仅可以锻炼自己的能力，还可以增加收入，一举两得。

## 9.温柔是女人特有的魅力"杀手锏"

温柔是女人特有的魅力，女人就是要善于运用自己的柔美，来应对社交中的一切困难。

水滴石穿，柔能克刚，至柔之水能克万物，而温柔，一样能如水一般浸透在对方干涸开裂的心田。西方有一句古谚："一滴蜂蜜所黏住的苍蝇，远远超过一桶毒药。"女性就应该做蜂蜜，用温和的语言去化解别人心中的怨恨。

在一家高档西装店里，一位顾客正拿着昨天刚买的西服，执意要退换，理由是西裤上有一处污点。

由于是打折商品，公司规定不能退换，所以一位店员正在耐心地跟这位顾客解释。但顾客完全不予理会，还越来越不讲理，最后甚至威胁说要打电话到消费者协会去举报这家店。面对如此蛮不讲理的顾客，这位店员也失去了耐心，一团怒火涌上心头，于是就和顾客争吵起来。

主管听到了吵闹声，便走了过来，在了解了事情的经过之后，她对顾客彬彬有礼地说："我先替店员向您道歉。不过根据规定，打折的衣服一概不能退换。您看这样行不行，我们这里有专门的洗液，可以帮您把西裤上的污点处理干净，熨烫过后不会有任何影响，到时候保证您会满意。如果您方便的话，明天就可以过来取了。"

顾客见主管面带微笑，心平气和地跟自己解释，火气立即就降了一大半。而在听了主管的一番建议后，顾客觉得能够接受，于是就把西裤留了下来。

第二天，西裤上的污点没了，顾客满意而归。主管没有责备那位店员，而是用实际行动告诉了他，任何时候都不应该发怒，因为那会让对方的情绪变得更加糟糕。

温柔是对女性最大的赞美，其实，温柔不仅能让女人赢得别人的关怀，它还是女性所独有的武器。

在生活中，女人常常用温柔来应付一些比较难解决的问题，比如，在遭受别人怨恨、盛怒、冷漠时，温柔便能显示出它无法抗拒的力量。

一位名人曾这样说过："如果你握紧了拳头来见我，我可以明白无误地告诉你，我的拳头比你握得更紧。但如果你来我这里，对我说：'我想和你坐下来谈一谈，如果我们意见相左，不妨想想看原因何在，问题主要的症结又是什么。那么，我们不久就可看出，彼此的意见相距并不很远。即使是针对那些不同的见解，只要我们带着耐心，加上彼此的诚意，我们也可以更接近。'"

力量的表现方式有很多种，温柔便是其中一种无处不在的巨大力量。能量最大的未必力量最强大，声势最大的未必力量最大，最刚性的也未必是最坚硬的。很多时候，温和的让步比强硬的反抗更能起到好的效果。面对蛮横无理者，得理者若只用以恶制恶的方式，常常会吃亏。这时候，平息风波的最好方式，莫过于用以柔克刚来对抗恶人恶语。

温和的态度永远都是让人无法拒绝的，有时不需要直接的命令，一句话就能让他人感受到温暖，自愿做出你所期望的行动。

**测试：你够温柔吗？**

温柔，是女人吸引男人的内涵；温柔，是母亲孕育胎儿的心情；温柔，是你我都想面对的神态。你，温柔吗？你可以通过以下的测试，了解自己。

Q1.你曾以哪一种姿态，仰望下着小雨的天空？

(A)倚窗伫立，抱胸抬眼。

(B)仰身或坐着，手肘挂窗，双掌托腮。

115

Q2.小皮球落入你家院子,你会如何?

(C)弯腰拾起,抛给院外捡球的孩童。

(D)打开院子的门,让孩童进来捡拾。

解析:(1)选A.C(2)选A.D(3)选B.C(4)选B.D

◎选(1)的人

有着距离式的温柔,是平静的,是不给压力的,是不望回报、不求赞赏的,只要对方因为你的温柔而过得更好,你就满足了。这样的你,待人体谅,处事无争,温柔的应对,是由衷的显露。

◎选(2)的人

有着互动式的温柔,在付出温柔时,也会想要得到对方的温柔。这样的温柔,怀着期盼,隐含需求,难免会给对方压力。这样的你可以为了对方而变得很温柔,虽然不失真诚,却也难免虚伪矫饰。

◎选(3)的人

有着被动式的温柔,总是期盼,总在等待,非得对方有所表现才会给予回应。这样的温柔里,有着孩子般纯真依赖的心情,带些稚气却又不失女人味。这样的你,配合度好,逢迎度高,常会温柔中失去一些特质。

◎选(4)的人

有着附和式的温柔,会为了一些人或一些事而令自己温柔,这样的温柔,需要对方主导,有赖别人配合,不失需索的心态,有点演戏的调子,却也由衷。这样的你,有着女人特有的娇蛮,孩子的依赖,是个需要大家疼爱的女人。

第五章

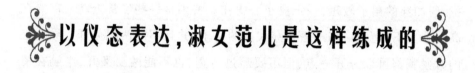

以仪态表达,淑女范儿是这样练成的

# 1.优雅的坐姿

优雅的坐姿传递着自信、友好、热情的信息，同时也显示出高雅庄重的良好风范。

我们经常会见到一些不雅的坐姿，比如两腿叉开，腿在地上抖个不停，而且腿还跷得很高，让人实在不敢恭维。

女士的正确坐姿，应是在站立时，后腿能够碰到椅子，然后再轻轻坐下来，双膝一定要并起来，腿可以放中间或放两边。如果想跷腿，两腿需并拢，假如穿的裙子较短，一定要小心盖住。特别是一些经常走动或需要在高台上坐下的女士，都不适合穿太短的裙子，并且不能两腿分开。男士坐的时候膝部可以分开一点，但不要超过肩宽，也不能两腿叉开，半躺在椅子里。

**入座时的基本要求**

(1)在别人之后入座。出于礼貌，和客人一起入座或同时入座时，要分清尊卑，先请对方入座，自己不要抢先入座。

(2)从座位左侧入座。如果条件允许，在就坐时最好从座椅的左侧接近它，这样做既是一种礼貌，而且也容易就坐。

(3)向周围的人致意。就坐时，如果附近坐着熟人，应该主动打招呼。即使不认识，也应该先点点头。在公共场合，要想坐在别人身旁，还必须征得对方的允许，还要放轻动作，不要使座椅乱响。

(4)以背部接近座椅。在别人面前就坐，最好背对着自己的座椅，这样就不至于背对着对方。得体的做法是，先侧身走近座椅，背对着站立，右腿后退一点，以小腿确认一下座椅的位置，然后随势坐下。必要时，用一只手扶着座椅的把手。

**离座的要求**

在离座时，要注意四点：

（1）事先说明。离开座椅时，身边如果有人在座，应该用语言或动作向对方先示意，随后再站起身来。

（2）注意先后。和别人同时离座时，要注意起身的先后次序。地位低于对方时，应该稍后离座。地位高于对方时，可以首先离座。双方身份相似时，可以同时起身离座。

（3）起身缓慢。起身离座时，最好动作轻缓，不要"拖泥带水"，弄响座椅，或将椅垫、椅罩弄得掉在地上。

（4）从座椅左侧离开。站起身后，应该从左侧离座。

**下肢怎样摆放**

入座后，下肢大都会落入别人的视野内。不管是从文明礼貌，还是从坐得优雅舒适的角度来讲，坐好后下肢的摆放，应多加注意。

（1）"正襟危坐"式。适用于最正规的场合。要求上身和大腿、小腿，都应当形成直角，小腿垂直于地面，双膝、双脚，包括两脚的跟部，都要完全并拢。

（2）垂腿开膝式。多为男性所用，也比较正规。要求上身和大腿、小腿都成直角，小腿垂直于地面。双膝允许分开，但分的幅度不宜超过肩宽。

（3）前伸后曲式。是女性适用的一种坐姿。主要要求大腿并紧后，向前伸出一条腿，并将另一条腿屈后，两脚脚掌着地，双脚前后要保持在一条直线上。

（4）双脚内收式。适合于在一般场合，男女都适用。要求两条大腿首先并拢，双膝可以略微打开，两条小腿可以在稍许分开后向内侧屈回，双脚脚掌着地。

（5）双腿叠放式。适合穿短裙的女士采用。要求将双腿一上一下交叠在一起，交叠后的两腿间没有任何缝隙，犹如一条直线，双脚斜放在左右一侧，斜放后的腿部与地面呈45度角，叠放在上的脚的脚尖垂向地面。

（6）双腿斜放式。适合于穿裙子的女士在较低的位置就坐时所用。要求双腿首先并拢,然后双脚向左或向右侧斜放,力求使斜放后的腿部与地面呈45度角。

(7)双脚交叉式。适用于各种场合,且男女都可选用。双膝先要并拢,然后双脚在踝部交叉。需要注意的是,交叉后的双脚可以内收,也可以斜放,但不要远远地伸向前方。

**上身的姿势**

入座后,上身的姿势也很重要。

(1)注意头部位置的端正。不要出现仰头、低头、歪头、扭头等情况。整个头部看上去,应当如同一条直线一样,和地面相垂直。在办公时可以低头俯看桌上的文件、物品,但在回答别人问题时,必须抬起头来,否则会带有爱理不理的意思。在和别人交谈时,可以面向正前方,也可以面部侧向对方,但绝对不可以用后脑勺对着对方。

(2)注意身体直立。坐好后,身体也要注意端端正正。此时需要注意的地方有:

一是椅背的倚靠。倚靠主要用以休息,所以因工作需要而就坐时,不应当把上身完全倚靠着座椅的背部,最好一点都不倚靠。

二是椅面的占用。在长者面前,最好不要坐满椅面。坐好后占椅面的3/4左右,最合乎礼节。

三是身体的朝向。交谈的时候,为表示尊重,不仅应面向对方,而且同时应将整个上身朝向对方。

(3)注意手臂的摆放。入座后放手臂的正确位置主要有五种:

一是放在两条大腿上。双手各自扶在一条大腿上,也可以双手叠放后放在两条大腿上,或者双手相握后放在两条大腿上。

二是放在一条大腿上。侧身和人交谈时,通常要将双手叠放或相握地放在自己所侧一方的那条大腿上。

三是放在皮包文件上。当穿短裙的女士面对男士而坐,身前又没有屏障时,为避免"走光",可以把自己随身的皮包或文件放在并拢的大腿上。随后,就可以把双手或扶、或叠、或握着放在上面。

四是放在身前桌子上。把双手平扶在桌子边沿,或是双手相握置于桌上,都是可行的。有时,也可以把双手叠放在桌上。

五是放在椅子扶手上。当正身而坐,要把双手分扶在两侧扶手上。当侧身而坐,要把双手叠放或相握后,放在侧身一侧的扶手上。

**不同情况下的坐姿**

(1)在比较轻松、随便的场合,可以坐得比较舒展、自由。

(2)在谈话、谈判、会谈时,场合一般都比较严肃,适合正襟危坐。要求上体正直,臀尖落座在椅子的中部,双手放在桌上,或将一只手放在椅扶上都行。脚可以并着放,也可以并膝稍分小腿,或并膝小腿前后相错、左右相掖。

(3)女士在社交场合上,为了使坐姿更优美,可以采用略侧向的坐法,头和身子朝向对方,双膝并拢,两脚相并、相掖、一前一后都可以。在落座时,应把裙子向腿下理好、掖好,以免不雅。

(4)倾听他人教导、指示时,对方若是尊者、贵客,坐姿除了要端正外,还应坐在椅座的前半部或边缘,身体稍向前倾,以表现出一种积极、重视的态度。

**探究坐姿的潜台词**

从开会坐姿显现出来的讯号,我们甚至可以揣测出一个人的心理状态和职场性格,你的老板和同事都不会放过这个了解你的机会。开会时,你是怎么坐的呢?

(1)一条腿勾着另一条腿。你为人谨慎,不够自信,做事有些犹豫不决。不过你对分寸的把握度还不错,所以你能让大家正确地评价你,并喜欢你。

(2)双脚向前,脚踝部交叉。你喜欢发号施令,天生有嫉妒心理。说老实话,你可能是个不太好相处的人。研究表明,这还是控制紧张情绪和恐惧心理的表现,是很有防御意识的典型坐姿。

(3)敞开手脚而坐。你可能具有主管一切的偏好,有指挥者的气质或支配性的性格,有时有点儿不知天高地厚。如果是职场新人,这种坐姿代表缺乏丰富的生活经验,所以经常表现得自以为是。

(4)双手交叉抱在胸前。你不自觉流露了防御和紧张的信息,让人觉得不能交托重任。为了让老板安心,你要学着把双手自然放下,上身可以微微前倾。

### 想升职加薪,先改坐姿

求和本能让女性在职场上不够强势。换句话说,就是不够自信,做事情畏畏缩缩,常让老板觉得她可以打工,却不能担当大任。所以想要升职加薪,除了行事风格需要更加果断之外,你还得试着从坐姿上改变自己,给人留下从容不迫、一切尽在掌握的第一印象。

以下,就为你详解哪些典型的女性坐姿不利于职场发展,并需要如何修正。

### 错误坐姿1——会议桌前"缩小"自己

女性容易犯的小错误:把手臂和腿都自然收拢并且靠椅背坐,这样会让你看起来显得小巧。很多职场女性都会下意识地这么坐,因为这会更显女人味。然而当和一众男士一起讨论时,这种坐姿就会透露出一种"我愿意服从"的信号,男士们势必有更允分的空间来展现他们的思想。

正确的坐姿:把整个人挺起来,保持腰部的笔直,身体微微前倾——这是你想要参与头脑风暴的身体讯号。

### 错误坐姿2——弯曲交叉手臂

女性容易犯的小错误:不管是站着或坐着,总是习惯一侧的手抓住另一侧的手臂(肱二头肌的位置),这说明你对在会上提出的观点没有底气,甚至带着犹疑和不确定的态度,只有依靠这种暂时的动作让自己觉得安心和轻松。如果你的老板一直对你不够信任,没准就是因为你的动作暴露了你的不自信和患得患失。

正确的坐姿:双臂交叉虽然没什么不好,但是我们建议交叉的幅度不要超过60度,这个角度不会让你感到辛苦,同时又显得自信满满。

### 错误坐姿3——坐在椅子的前1/3处

　　女性容易犯的小错误：很多女性觉得坐在椅子的前1/3处，会让自己更优雅。其实不然，这个坐姿表明了你的极度不自信，或是缺乏工作经验，资深人士一眼就能看出你的职场"新鲜度"。

　　正确的坐姿：上半身坐直，坐在椅子的3/4位置。避免完全后仰或完全靠在椅背上，因为这样一来，当你想要陈述某个观点或表现出对某个方案的兴趣时，再次挪动位置或起身会不那么方便。千万记住，你得给自己创造随时表现自我的灵活度。

# 2.良好的站姿

　　在宴会上，是什么让气质女人从人群中脱颖而出？穿戴、谈吐、妆容？没错，这些都是打造女人独特气质的条件。然而，容易被大家忽视的一点却是站姿，良好的站姿最能体现一个女人的气质。

### 站姿是气质女人的必修课

　　台湾名模陈思璇曾被身边人笑称为"台步女王"，这自然与她的职业有关。作为职业模特，她需要经常出入各大秀场，有时一天要走好几场秀。许多模特一下T台就会放松紧绷的神经，抓紧时间休息，而陈思璇却仍然像"电线杆"一样站着，丝毫不觉得累。在被问及为什么如此注意自己的站姿时，她笑道："其实我也试过别人认为舒服的姿势，可是已经习惯挺胸抬头的我一放松下来就很疲惫，还不如挺胸抬头来得舒服。大家叫我'台步女王'，不过我认为站姿是一切美姿美仪的基础，如果一个人站得懒散，是很难成为美女的。"

诚然，站姿可谓是气质美女的基础。一个人无论有多绝伦的容貌、多标准的身材、多精致的妆面，如果带着一副萎靡不振的姿势、粗鲁无礼的举止，美根本无从谈起。

站立、行走、坐卧三个方面是人体最基本的姿态。而站立则是人们日常交往中最基本的举止。

**优雅站姿大纠错**

美女们经常会感叹，为什么没有足够大的镜子一直跟着她们，这样才可以时刻修正自己的身形。

美国曾经有一档形象大变身的真人秀，节目组在报名者不知情的情况下，偷录下其与别人交往时的形象，并在改造前回放给参与者，在监视器中看到自己平日形象的时候，很多人都会惊叹道："怎么我看起来是这样的！"

如果偷偷录下了你的站姿，你也会大吃一惊吗？不用那么麻烦，对照下面的描述，给自己的站姿来个大检查。

**秘诀1：驼背**

秀场上的模特魅力十足，那是因为她们在不经意间流露出了自信。要拥有自信的外表，最简单的方法就是抬头、挺胸、收腹。但是一般人不习惯整天保持这样的姿势。我们习惯驼背站立，因为这样比较舒服，另外多半也是因为缺乏自信心，不想引人注目。但双肩向后靠，抬头、挺胸、收腹的动作可以马上显露出你的自信与优雅，尤其是在派对上。

首先，这样做会让你看起来身材更高挑，人也更有气质；其次，它能让你的整体造型更显魅力——当你驼背时，人们的关注焦点会是你的不自在与害羞，从而忽略了你的美丽；最后，抬头、挺胸、收腹能帮助你从内到外展现信心与风采。

这样的你会不自觉地吸引更多目光。

### 秘诀2：凸腹

好不容易纠正了驼背姿势，却发现腹部不知不觉地凸了出来，这是因为你误解了挺胸抬头的正确姿式。正确的姿式是在双肩向后靠的同时，把腹部也收起来。

开始练习时会有点不习惯，不过随着天长日久的坚持，你会慢慢适应，同时这也是打造腹肌的好方法。

假如你工作太忙没时间做运动，可以尝试反复收腹动作，它在帮助你塑造平坦小腹的同时，也培养了正确站姿。

### 秘诀3：斜肩

你可能不禁会问，我四肢良好怎么会斜肩，殊不知有一件随身物品正慢慢地改变你双肩的平衡——单肩斜挎包。单肩斜挎包是很多世界顶级设计师的新宠，也是很多女性的最爱。有一些女性朋友就算包里不放东西，也不会舍弃心爱的包，独自出门。

一个喜欢的包既是女人的帮手和装饰，也是一种安全感的来源。所以错误不在你的包，而是你使用它的方式。很多女性习惯长时间地用一边肩膀背包，久而久之就对双肩的高低平衡有负面的影响。

所以，女性在背包的时候，最好有意识地交替肩膀来背，避免斜肩。

### 完美站姿升级计划

（1）标准站姿

想要随时随地保持完美站姿，应先从基本的标准站姿学起。良好的站姿不仅能让你体态优美，还能促进健康。

①头正，双目平视，嘴唇微闭，下颌微收，面部平和自然。

②双肩放松，稍向下沉，身体有向上的感觉，呼吸自然。

③躯干挺直，收腹、挺胸、立腰。

④双臂放松，自然下垂于体侧，手指自然弯曲。

⑤双腿并拢立直，膝、两脚跟靠紧，脚尖分开呈60度，身体重心放在两脚中间。

（2）日常站姿

在日常生活中，女性可以通过以下三个动作来练习站姿。

①提踵。脚跟提起，头向上顶，身体有被拉长的感觉，注意保持姿态稳定，练习平衡感。

②头顶书。这是模特们入行时必修的课程，普通人也可以用来训练重心和身体挺拔。

③背靠墙。当你觉得头顶书站立有困难时，不如从背靠墙站立开始。将后脑勺、肩、臀、脚后跟贴在墙面，呈一直线，用前面调整身形，这时你会发现身体立刻就站直了。记住这种感觉，并将其应用在日常生活中。

虽然要时刻提醒自己用上面的标准约束站姿，但是如果任何时间都保持上面的姿势，说不定会被鸟儿当作成死板的稻草人。永远都用一种姿势并不美，只会将身体变得僵硬和做作。在不同的场合有不同的应变对策，才是聪明女人升级完美站姿的办法。将站姿分为正式站姿与非正式场合站姿，可以让我们在站立时更加自信和游刃有余。

（3）正式场合站姿

在正式场合，比如商务会谈、领导接见、与人初次见面时，采用正式站姿可以展现你的涵养和礼仪。

①肃立。身体直立，双手置于身体两侧，双腿自然并拢，脚跟靠紧，脚掌分开呈"V"字型。

②直立。身体直立，双臂下垂置于腹部。女性将右手搭握在左手四指，四指前后不要露出，两脚可平行靠紧，也可前后略微错开。直立的站法比肃立显得亲切随和。

（4）非正式场合站姿

在非正式场合，比如日常生活中的几种常见场合，可以采用稍显轻松，但又不失优雅的站姿。

①车上的站姿。在晃动的车（或其他交通工具）上，可将双脚略分开，以求保持平衡，但开合度不要超过肩宽。重心放在全脚掌，膝部不要弯曲，稍向

后挺，即使低头看书，也不要弯腰驼背。

②等人或与人交谈的站姿。可采用一种比较轻松的姿势。脚或前后交叉，或左右开立，肩、臂不要用力，尽量放松，可自由摆放，头部须自然直视前方，使脊背能够挺直。采用这种姿势时，重心不要频繁转移，否则会给人不安稳的感觉。

③接待员式站姿。脚型呈"O"型的人，即使脚后跟靠在一起，膝部也无法合拢，因此可将右脚跟靠在左脚中部，使膝部重叠，这样可以让腿看来较为修长。手臂采用前搭或后搭的摆法。拍照或短时间站立谈话时，都可采用此种姿势。

明星们总是光彩照人、气质高贵，她们的秘密就是优美的仪态。良好的仪态是可以通过后天塑造和改变的，在人群中，美丽的站立姿态就是你最合身的盛装，最点睛的配饰，最贴合的妆容。

从今天起，优雅地站立吧！

# 3.从容的走姿

生活中，经常可以看到一些女孩，穿得时尚靓丽，长得也很漂亮，可是一走起路来，要么迈着八字步，要么低头驼背，要么左顾右盼、脚擦地面、扭腰摆臀、勾肩搭背，除非你是在拍电影，不然任何一个姿势都会让人反感。

不管男人还是女人，走路都要端端正正，目视前方，不要左顾右盼，不要回头张望，走路时脚步要干净利索，有鲜明的节奏感。不能把手插在衣服口袋里，尤其不要插在裤袋里，也不要掐腰或倒背着手，这些都很不美观。特别是女人，一定要在行走中体现女性的阴柔之美，就是要走碎步，步态要自如、

127

匀称、轻盈,显示出含蓄之美。

走姿是每个人在日常礼仪中都要注意的问题,随时矫正随时规范,这样无论你是步伐矫健、轻松灵活、富有弹性,还是行走稳健、端庄自然,都会给人以欢悦、柔和之感,了解这些必要的常识,对于你塑造一个美丽有型的形象将起到不可估量的作用。

### 女人走路的基本要点

走姿是站姿的延续动作,是在站姿的基础上展示女人动态美的极好手段。无论是在日常生活中,还是在公共场合中,走路都是"有目共睹"的肢体语言,往往最能表现女人的风度、风采和韵味。有良好走姿的女人,会更显青春活力。优美的走姿会使身体各部分都散发出迷人的魅力。女人走路的基本要点是从容、平稳、直线。

(1)步伐稳健,步履自然,要有节奏感。女人穿裙子时,裙子的下摆与脚的动作应力求表现出韵律感。

(2)身体重心稍稍向前。

(3)上体正直,抬头,下巴与地面平行,两眼平视前方。

(4)两手前后自然协调摆动,手臂与身体的夹角一般在10度至15度。

(5)跨步均匀,两脚之间相距约一只脚到一只半脚。

(6)迈步时,脚尖可微微分开,但脚尖脚跟应与前进方向近乎一条直线,避免"外八字"或"内八字"迈步。

当然,百人百性,每个人的性情在走路姿态上也能体现出来。比如性子急的人走路是急匆匆的,性子慢的人走路是慢吞吞的,懒散之人走路趿拉着脚,脚踏实地的人走路步子会迈得很重。在矫正一个人行走姿态时,有些礼仪老师会拿一本书放在她的头上,放稳后松手,让她开始走。

这样走虽然有些不自然,但却是一种非常有效的方法。这样做可以使身体挺直,大腿关节有节奏地摆动,而不是膝关节,于是就显得步伐轻捷,有如风行水上的飘逸之感。

很多人在家里休闲的时候,喜欢散散漫漫地踱步,步调会比较慢,而如果是赶路或者去办事，那一定是脚步匆匆的。也就是说，一个人的走路姿态在不同的场合里有不同的要求，比如在室内走路要轻而稳，在花园里散步要轻而缓，在病房里或阅览室里走路要轻而柔，步态要因地、因人、因事而宜。

另外，一个人脚步的强弱、轻重、快慢、幅度大小及姿势也可以从另一角度体现出这个人的性格。走路时大踏步行进的人，一般身体非常健康，而为人善良，但十分好胜且顽固。走路姿态柔弱无力的人，精神和健康大都也十分衰弱。喜欢拖着鞋子走路的人，或者鞋跟磨损较严重的人，大都缺乏积极性，不喜欢变化，也没有什么特殊才能，属于平常之辈。走路急促的人，大都是急性子、暴脾气。走路优哉游哉的人，一般独立性很强。一边走路一边回头看的人，其猜忌心与妒嫉心特别强烈。步行时，上身很小摆动的人，为长寿之相，同时，这种人也较具有蓄财之心。

### 行进礼仪

某企业女老总，曾去一家大型企业参观，给她带路的是一位入职不久的女孩，她很热情，性子也急。在一行人当中，她走得最快，不大工夫就遥遥领先，迫使她们不得不气喘吁吁地跟在后面，最后一场参观搞得像赶集一样。

这就提到了所谓的行进礼仪。一群人行走中，特别是作为引导者，要遵循"以前为尊，以后为卑"的原则。也就是说，前面走的人在位次上要高于后面走的人。一般应当请客人、女士、尊长走在前面，主人、男士、晚辈与职位较低者则应随后而行。还需要注意的是，在中国，无论何时何地，行走时最好自觉地走在道路的右侧，这样便于他人通过。如果你是向导领路的话，最好能主动上前带路或开路。如果路比较宽，可以容许几个人并排走，这个时候就要遵循"以内为尊，以外为卑"的原则了。当三个人一起并排行进时，亦可以居于中间的位置为尊贵之位。以前进方向为准，并行的三个人的具体位次，由尊而卑依次应为:居中者,居右者,居左者。

穿行时,若宾客之间在地方狭小的通道、过道或楼梯间谈话时,不能从中间穿行,应先道一声:"对不起,请让一下。"待对方挪动后,再从侧面或背面通过。如果你无意中碰撞了宾客,应主动表示道歉,说声"对不起"方可离开。行走时不要碰到酒店陈设或花木,超越客人时,要礼貌致歉。与上级、宾客相遇时,要点头示礼致意。

### 乘车也要美丽优雅

无论是乘坐商务车,还是私家轿车,哪怕是公交车,也要体现出女人美丽优雅的一面。很多女人常常不懂乘车礼仪,拉开副驾驶旁边的车门就坐上去,也不管是对是错,只要自己坐稳了就行。

小欧奉董事长之命去接归国华侨金教授,与金教授同行的还有他的夫人和秘书。人员到齐后,小欧提了提长裙,"哗"地一下拉开车门自己先坐到了副驾驶位置。金教授的秘书一愣,在后面默默地打开车门请二位入座。车子启动后,小欧从口袋里摸出一袋饼干,一边吃一边说:"赶着时间接人,都没顾上吃早点,别介意啊,我应付几口。"然后整个车厢都听见她咀嚼饼干的声音。小欧并不知道,金教授是董事长请来的国外知名专家,就因为她的随意行为,当天的会议,金教授只是应付了一下就匆匆离开了。

我们盘点一下,年轻的小欧已经在不知不觉中犯下了两个错误:一是不懂乘车座次顺序,二是没有文明乘车。小小的失误换来莫大的遗憾,不能不说可惜。

乘车顺序的基本要求是:倘若条件允许,须请尊长、女士、来宾先上车,后下车。要根据场合的不同做决定。

如果是公务接待,就应该严格按规定来。因为公务接待比较正式,有专职司机驾车,这时副驾驶的后座就是最"礼貌"的座位。到达酒店时,后排右座门正好对着大厅正门,会有服务生过来开门,开右座车门,客人方便下车。

另外，公务接待时，副驾驶席被称为"随员座"，一般是翻译、秘书的位置，让客人坐在这里非常不礼貌。

现在，私家车越来越多，自己开车去接人的情况时常有之，这时需要遵从的乘车顺序是自己要先下车，照顾客人上下车后再上车。如果乘坐由专职司机驾驶的轿车，应请尊长、女士、来宾从右侧车门先上车，自己再从车后绕到左侧车门后上车。下车时，也是自己先从左侧下车，从车后绕过来帮助对方开侧门。如果左侧车门不宜开启，于右门上车时，要里座先上，外座后上。总之，以方便易行为宜。如果乘坐三排以上的轿车，通常应以距离车门的远近为序。上车时，距车门最远者先上，其他人随后由远而近依次上车。下车时，距车门最近者先下，其他随后由近而远依次下车。

从车内出来，应该先打开车门，把脚以45度角从车门伸出，稳稳地踏住之后，再逐渐把身体的重心移上去。这样做既稳重得体，又会让人产生无限遐想。千万不要一打开车门就先探出头来，那样子好像是被司机扔出来一样。

另外，要注意文明乘车，尽量避免一些不雅的动作，从而给客人留下不好的印象。具体表现为3点：

(1)动作要雅。在轿车上切勿坐得东倒西歪。穿短裙的女士上下车最好采用背入式或正出式，即上车时双腿并拢，背对车门坐下后，再收入双腿；下车时正面面对车门，双脚着地后，再移身车外。

(2)要讲卫生。不要在车上吸烟，或是连吃带喝，随手乱扔。不要往车外丢东西、吐痰或擤鼻涕。不要在车上脱鞋、脱袜、换衣服，或是用脚蹬踩座位。更不要将手、腿或脚伸出车窗外。

(3)要顾安全。不要与驾车者长谈，以防其走神。在开、关车门时，不要弄出大的声响，更不要夹伤人。在封顶时，应一手拉开车门，一手挡住车门门框上端，以防止其碰人。当自己上下车、开关门时，要先看后行，不要疏忽大意，出手伤人。

乘车坐哪儿最安全？这是每一个人都关心的问题。事实上，安全只是一个相对的概念，所谓的安全座位只是专家通过事故调查分析和试车检测后

131

得出的结论。分析结果显示,出车祸时,车内后排乘客的安全指数比前排乘客高出至少59%;如果后排正中间的位置上有乘客,那么车祸发生时,其安全指数比后排其他座位上的乘客高25%。

基于此,再结合乘车人的角色身份,轿车的座次就有了"尊""卑"之说。不同的轿车类型有着不同的座次顺序,还需要具体区别对待。

第一种,双排、三排座的小型轿车。如果由主人亲自驾驶,一般前排为上,后排为下。如果由专职司机驾驶,通常后排为上,前排为下。但都以右为"尊",以左为"卑"。

第二种,多排座的中型轿车。无论由何人驾驶,均以前排为上,后排为下;右高左低。

第三种,轻型越野车。其座次尊卑应依次为:副驾驶座,后排右座,后排左座。

如果是涉外礼仪,还应该提前了解国外的乘车礼仪,做出相应的变动。很多西方国家的乘车礼仪和中国有所不同,不能按部就班,最后出糗可就麻烦了。

## 4.随时随地,送给对方微笑的"花朵"

女人的微笑可以表达温馨、亲切的感情,能有效地缩短双方的距离,给对方留下美好的心理感受,从而形成融洽的交往氛围,反映本人高超的修养,待人的真诚。微笑有一种魅力,它可以使强硬者变得温柔,使困难变得容易。

微笑是世界上最美丽的花,如果一个女人常常送"花"给别人,那她无疑就成了一个人见人爱的天使。

女性最能打动人的就是微笑。世界名模辛迪·克劳馥曾说过这样一句话："女人出门时若忘了化妆，最好的补救方法便是亮出你的微笑。"微笑，本不是女人的专利，但女人从心底里微笑时，却可以让灰暗的人生焕发出靓丽的光彩，让平庸的世界创造伟大的奇迹！

达·芬奇的名画《蒙娜丽莎》中，那神秘而安详的微笑只属于女人，那永恒的微笑迷倒了几个世纪以来，世界上所有的人。

香港凤凰卫视的著名主持人吴小莉，有着一张与众不同的会笑的嘴，她的嘴角总是略微往上翘。她曾说过这样一句话："我希望我的生活是不断快乐的积累。"

每天面对所有人都开心微笑的女人，才是最聪明的女人；每天面对所有人都甜美微笑的女人，才是最美丽的女人。

微笑，一个简单得不能再简单的表情，却是女人最美丽的一种语言，它所传递的信息是丰富无比的——

微笑传递的关爱，可以驱散心灵的孤寂；

微笑传递的温情，可以融化心灵的坚冰；

微笑传递的友善，可以放松戒备紧张的心情；

微笑传递的宽容，可以拉近心与心之间的距离；

微笑传递的信任，可以让人感受到你的真诚；

微笑如绵绵春雨，滋润干涸的心田，又似徐徐春风，可以抚平或舒展心灵的皱纹。

微笑的女人笑容绽放在脸上，心里充满阳光，虽然她们不能改变世界，但最起码可以使自己的周围温煦如春，暖意融融。微笑是和煦的春风，微笑是快乐的精灵，微笑是看不见的财富。

把微笑送给别人，会体会到一种真正的愉悦，心情好了，幸运也会更多地光顾你。

有这样一个美好的故事：一家信誉特别好的连锁花店，高薪聘请一位售花小姐，招聘广告张贴出去后，前来应聘的人有四五个。经过仔细的筛选，老板选出三位女孩，让她们每人经营花店一星期，以便最终挑选一人。这三个女孩长得都很漂亮，很适合卖花，她们一位有着丰富的售花工作经验，一个是花艺学校的应届毕业生，最后一位只是个普通的待业女青年。

有过售花经历的女孩一听老板要以实战来考验她们，心中窃喜，毕竟这份工作对她来说驾轻就熟。每当有顾客进来，她就不停地介绍各类花的花语以及给什么样的人送什么样的花，几乎每一位顾客进花店，她都能说得让人买去一束花或一篮花，一个星期下来，她的业绩非常不错。

轮到花艺女生经营花店时，她充分发挥了自己所学的专业知识，从插花的艺术到插花的成本，都精心琢磨。她的专业知识和她的聪明为她一星期的鲜花经营也带来了相当好的业绩。

然而待业女青年经营花店时，似乎有些放不开手脚，刚开始甚至还有点手足无措。然而，她置身于花丛中的笑脸简直就是一朵花，从内到外都表现出一种对生活、对工作的热忱。对于一些残花，她总是舍不得扔掉，会将它们修剪修剪，免费送给路过花店的小学生。而且每一个在店里买花的顾客，都能得到她一句甜甜的祝福——"鲜花送人，手有余香"。顾客听了之后，往往都会开心地回她一笑，然后快乐地离开。可是尽管女孩努力干了一星期，她的业绩和前两个女孩比起来，还是有些差距。

出人意料的是，老板最终选择了那个待业女青年。另外两个女孩十分不解，为何老板放弃业绩好的她们，而偏偏选中业绩差的？

老板颇有深意地说道："用鲜花挣再多的钱也只是有限的，用如花的心情、如花的微笑去挣钱才是无限的。花艺可以慢慢学，经验可以慢慢积累，但如花的心情不是学来的，因为这里面包含着一个人的气质、品德和自信。"

"一笑倾人城，再笑倾人国。"女人的笑容往往具有非常强大的力量。一个真正懂得微笑的女人，总能轻松穿过人生的风雨，迎来绚烂的彩虹。

所以，从现在开始，从今天开始，给你面对的每个人一个充满自信的微笑吧！因为"世界像一面镜子，当你向它微笑之时，它必以笑颜回报"。


# 5.握手是人际交往中的"硬通货"


虽然握手是陌生人之间的第一次身体接触，但几秒钟的时间足可以决定别人对你的喜欢程度。握手的方式、用力的轻重、手掌的湿度，等等，都会像哑剧一样，无声地向对方描述你的性格、可信程度、心理状态。握手的质量，表现了你对别人的态度是热情还是冷淡，是积极还是消极，是尊重别人、诚恳相待，还是居高临下、敷衍了事。

一个积极的、有力度的握手方式，会在表达你的友好态度和可信度的同时，也表现出了你对别人的重视和尊重。一个无力的、漫不经心的、错误的握手方式，则会立刻传递出不利于你的信息，并且让你无法用语言来弥补。毫不夸张地说，握手在商业社会里几乎意味着经济效益。


艾丽，是某著名房地产公司的副总裁。一天，她接待了来访的建筑材料公司主管销售的韦经理。韦经理被秘书领进了艾丽的办公室，秘书对艾丽说："艾总，这是公司的韦经理。"艾丽离开办公桌，面带笑容走向韦经理。韦经理先伸出手来，让艾丽握了握。艾丽客气地对他说："很高兴你来为我们公司介绍这些产品。这样吧，让我看一看这些材料，再和你联系。"韦经理在几分钟内就被艾丽送出了办公室。几天内，韦经理多次打电话，但得到的是秘书的回答："艾总不在。"到底是什么让艾丽这么反感一个只说了两句话的人呢？

原来是握手。韦经理是位男性，位置又低于艾丽，因此握手理应由艾丽先伸手，而他却犯了这个最低级的错误。艾丽说："他伸给我的手不但看起来毫无生机，握起来更像一条死鱼，冰冷、松软、毫无热情。当我握他的手时，他的手掌也没有任何反应，就这几秒钟，他留给我一个极坏的印象。"

那么，怎样用握手来创造经济效益呢？就要求你掌握必要的握手礼仪了。

试问：一群人中，你应该先和谁握手，再和谁握手？这真的是令很多职场人士犯难的问题，特别是在彼此不够熟悉的情况下，一双热情的手迟迟不敢伸出去。请你记住，握手一定是主人、长辈、上司、女士先伸出手，客人、晚辈、下属、男士再相迎握手。

当然，一定要伸出右手，如果你伸出左手，即使你是左撇子，也没人会理你，这是基本的常识。尤其是职场年轻人，在别人向对方介绍你的时候，不要先急着握手，等对方介绍完后，再紧握对方的手，时间一般以1到3秒为宜。对于男性，特别是年轻的男性，要是握手的对象恰好是一位女性，就更要注意，必须是女士伸手后你再相握，而且轻轻一握就可以了。在和长辈握手时，年轻者一般要等长者先伸出手再握；在和上级握手时，下级要等上级先伸手，再趋前握手。另外，接待来访客人时，主人有向客人先伸手的义务，以示欢迎；送别客人时，主人也应主动握手，表示欢迎再次光临。

曾有人将"握手"称作人际交往中的"硬通货"，的确如此。或许你还不知道，在短短的几秒钟握手时间里，对方已经将你的性格心理摸得一清二楚。

心理学家及身体语言专家们认为，通过握手的姿势，能判断一个人的性格。在同性的陌生人中，主动伸出手的人性格坚定、热情，或者有丰富的人际关系经验。而支配欲望强的人，会让自己手心朝下压在别人的手上。手心湿漉漉、汗淋淋的人，性格可能不会轻松，经常会感到焦虑、紧张，尤其是在会见对他有压力的人。性格粗犷、豪放，甚至莽撞的人，会过度地握住别人的手，像是要把对方的骨头都握碎一般。在你伸出手后，对方没有反应时，这个人或者不懂礼仪，或者有意冷淡、让人难堪，或者根本没有看见，或者是性格极端封闭、内向。双手紧握对方手的人，表现出超人的热情和极度盼望的心情，这种被称为手套式的握手，是为政治家们所钟情的、被用来操纵人们心理的握手方式。它表现了对被握手人的亲密和渴望，能缩短或消融人与人之间的距离。

现在，你学会握手了吗？

# 6.树立礼仪意识——"请"和"谢谢"没那么难

尽管这些细节有时无伤大雅，甚至有人觉得它不会对商务活动造成什么大的影响，但这些细节往往会让对方对你产生反感的情绪，使你成为一个不受欢迎的人。无论是对你的人脉积累，还是职场生涯，这都是一次败笔，因此要正确地树立礼仪意识，在商务活动中从严要求自己，从每一个细节上提高修养，展示一个优秀职场人士的礼仪之美。

这里着重列出几点，请大家一定引起重视。

**(1)众欢同乐,切忌私语**

商务宴席大都比较隆重正式，到席宾客人数也较多，人多有人多的好处，兴趣多，话题多，因为每个人的兴趣爱好、知识面不同，所以话题尽量不要太偏，避免唯我独尊，天南海北，神侃无边，出现跑题现象，从而忽略了众人。特别是年轻人，一时兴起就容易嘴上跑火车，只顾自己开心而忽略别人，因此要特别注意。海侃胡说要注意，窃窃私语更要注意，如果你的话题能够得到大部分参与者的认同，你不妨将它放在桌面上来讲。尽量不要和邻座的人贴耳小声私语，这样容易给别人一种神秘感，产生"就你俩关系好"的嫉妒心理，势必会影响宴席的氛围，同时对你进一步开展商务活动也会带来一定的负面影响。

**(2)"请"和"谢谢"没那么难说**

很多人认为，做事不应拘泥于小节，即使有人帮自己传一双筷子或者递一下茶壶，也无需太过客气。我们经常会在宴席上看到一些人，他们在享受别人的服务或者帮助时无动于衷，身子懒得动，嘴巴懒得动，甚至连一个感谢的微笑也没有。说一句"请"和"谢谢"真的有那么难吗？实际上，这并不仅仅是一句客气话的事，而是礼仪淡漠的问题。朋友家人之间太多客气势必显得生分，但在正式场合，尤其是在有多人在场的商务宴会上，请你一定要注意礼貌和礼仪。在别人替你转桌的时候，向对方点头说一句"谢谢您的关照"，在需要别人帮忙的时候，真诚而谦恭地说一句"请您帮我拿一下……好吗？"这不但是对对方付出的肯定和感激，也是自身修养的自然体现。

**(3)烘托气氛，把握大局**

只要是商务宴会，大都会有一个目的，或者是联络感情，或者是加强业务往来，因此这场宴会就不仅仅是吃那么简单了。有些人在宴会上常常从头坐到尾，一言不发，除了全身心地享受菜品的美味之外，将商务目的全然抛之脑后。与周围的人适当做些沟通，不但可以烘托宴会气氛，也是创建人脉的大好时机。此时此刻，别让饭菜和酒肉喧宾夺主，否则一顿饭下来，你很可能就失去了一个强有力的合作伙伴，甚至是可以助你一步登天的贵人之缘。

**(4)敬酒有序，主次分明**

每一场宴会都不会少了酒，因此关于喝酒和敬酒的细节就需要特别强调一下。尤其是在商务宴会中，在座的很多人都是不熟悉的人，有的甚至是陌生人，这时敬酒的顺序就显得尤为重要。先给谁敬后给谁敬一定要做到心里有数。在不清楚宾客身份职位的时候，可以提前打听一下，或者看自己的领导同事都是怎么敬酒的，然后效仿照搬，切忌糊里糊涂端起酒杯就敬，以致最后出现尴尬的场面。尤其是有业务往来，或者有求于人时，敬酒要格外谨慎，如果在场有更高身份或年长的人，则不应只对能帮你忙的人毕恭毕敬，也要先给尊者长者敬酒，不然会使大家都很难为情。

**(5)文明用餐,切忌随性而为**

吃西餐有一套专门的西餐礼仪,这里不再赘述。按理说中国人对吃中餐再熟悉不过，可实际上，宴会中因为用餐细节而破坏商务目的的人比比皆是。比如,很多人在吃饭时不会正确使用筷子。很多人看到这里会很纳闷,怎么可能不会正确使用筷子呢？的确如此。有的人在进餐中需要使用别的餐具,就直接把筷子放在杯子或者盘子上,这样很容易将筷子碰落在地上。还有的人举着筷子,面对满桌丰盛的菜品不知道该吃哪一道菜,或者在某道菜的盘子里拨来拨去,最后却没有夹菜,这个举动会让周围的宾客食欲全无。还有的人用筷子夹着食物,然后用舌头去舔,或者用筷子将自己面前的餐具推远一点,或者把筷子当道具随意挥舞,更有甚者用手捏起小碗或者小碟击打桌面。这些都是用餐时十分不礼貌的行为。

在进餐时,有的人不注意细节,喜欢吃饭发出响亮的声音,特别是在喝汤时,喜欢发出"吧嗒吧嗒"的声音,以显示汤的鲜美。可对别人来说,这个声音实在让人倒胃口。对于鱼虾、鸡肉之类的食物,难免会有骨头等食物残渣,很多人就将这些食物残渣吐在餐桌上,弄得桌面狼藉一片。更有些人剔牙时毫不避讳别人,一边咧着嘴一边剔着牙,让别人看了恨不得马上离他二百米远。

# 7.优雅女人不应有的举动

女人,你最美丽的部分未必是漂亮的脸蛋,有时,优雅的举止更能获得别人的赞扬。

女人是最亮丽的一道风景线,她们美丽、优雅、可亲,然而一些女人到了社交场合就变成了"霉女"，她们的种种举动让人叹为观止，继而敬而远之。这实在是一件令人惋惜的事，因此美女们都应该注意自己的风度与仪态，不要在社交场合上给人留下不好的印象。

让我们看看，哪些是各式社交场合上优雅女人不应有的举动。

**与同伴耳语**

在众目睽睽下与同伴耳语是很不礼貌的行为。耳语可被视为不信任在场人士所采取的防范措施，要是你在社交场合里总是耳语，不但会招惹别人的注视，而且会令人对你的教养表示怀疑。

**失声大笑**

另一种让人觉得你没有教养的行为是失声大笑。在社交活动中，即使你听到什么闻所未闻的趣事，也要保持仪态，顶多报以一个灿烂的笑容即止。

**口若悬河**

在宴会中，若有男士向你攀谈，你必须保持落落大方的态度，简单回答几句即可。切忌慌乱不迭地向人"报告"自己的身世，或向对方详加打探"祖宗十八代"，要不然就要把人家吓跑，又或被视作长舌妇人了。

**跟人说长道短**

饶舌的女人肯定不是有风度教养的社交人物。就算你穿得珠光宝气，一身雍容华贵，若在社交场合说长道短、揭人私隐，必定会惹人反感。再者，这种场合的"听众"虽是陌生者居多，但所谓"坏事传千里"，只怕你不礼貌不道德的形象会就此传扬开去，别人自然对你"敬而远之"。此时，拿出笑容可掬的亲切态度，去周旋当时的人与物，并不是虚伪的表现。

**严肃木讷**

在社交场合中滔滔不绝、谈个不休固然不好，但面对陌生人时如哑巴一般，只字不言也不可取。其实，面对初次相识的陌生人，你也可以由交谈几句无关紧要的话开始，待引起对方和自己谈话的兴趣时，便可自然地谈笑风生。若老坐着三缄其口，一脸肃穆的表情，跟欢愉的宴会气氛便格格不入了。

### 在众人面前化妆

在大庭广众之下涂施脂粉、涂口红都是很不礼貌的行为。如果你要修补妆容，不妨到洗手间或附近的化妆间去进行。

### 扭捏羞怯

在社交场合中，假如发觉有人经常注视你，特别是男士，你也要表现得从容镇静。如果对方是从前跟你有过一面之缘的人，你可以自然地跟他打个招呼，但不可过分热情，又或过分冷淡，免得有失风度。若对方跟你素未谋面，你也不要太过扭捏忐忑，又或怒视对方，有技巧地离开他的视线范围是最明智的做法。

### 吝惜笑容

不单在旅游业提倡礼貌、微笑服务，各行各业的工作人员对客户、业务伙伴或生活伴侣都应礼貌周全，保持可掬的笑容。的确，不论是微笑，还是快乐的笑、傻笑、哈哈大笑，笑总能给别人带来舒适的感觉，而"笑"也正好是女人获取别人喜欢的重要法宝。

纵然你不是那类天生喜欢笑的女人，在社会上活动总不能过分吝惜笑容。尽管工作令你疲惫不堪，又或者是连续的加班，让你忙得地暗天昏，但见到别人时，也还是要展现可爱的笑容。

### 缺乏教养与礼貌

要想让陌生人也觉得你可爱，礼貌是不可或缺的要素。在这个生活紧张的社会里，日常生活中，女人失态的例子极多。如乘搭地铁、火车或巴士时，争先恐后地挤入车厢，跟别人争座位，更不堪的是，坐下后还会露出沾沾自喜的神色。又如在酒楼餐厅、公共电话亭，老是拿着电话听筒不肯放下，不管有多少人在排队等候，她都视若无睹。这都是令人难以接受的失态，会让别人觉得你有失教养。

礼仪是女人成功的通行证，女人除了要具备美丽优雅，气质上令人愉悦，令人乐于接近的优点外，还应该注意在各种社交场合的表现，别做出与自身不相称的行为，从而毁了自己的形象。

### 其他常见的不良举止

女人要提高礼仪修养，首先应该克服不良举止，以下的一些举止正是有些女人在不经意间流露出来的，并带来了很不好的影响。作为一个优雅女人尤其要注意。

(1)随地吐痰。吐痰是最容易直接传播细菌的途径，随地吐痰是非常没有礼貌，而且绝对影响环境、影响身体健康的行为。如果你要吐痰，请把痰吐在纸巾上，并丢进垃圾箱；或者到洗手间吐痰，并且不要忘记清理痰迹和洗手池。

(2)随手扔垃圾。随手扔垃圾是应当受到谴责的最不文明的举止之一。

(3)当众嚼口香糖。有些女人喜欢通过嚼口香糖来保持口腔卫生，但女人还应当注意在别人面前的形象。因此，女性在咀嚼口香糖的时候要闭上嘴，避免发出声音，并把嚼过的口香糖用纸包起来，扔到垃圾箱。

(4)当众挖鼻孔或掏耳朵。有些女人习惯用小指、钥匙、牙签、发夹等当众挖鼻孔或者掏耳朵，这是一种很不好的习惯。尤其是在餐厅或茶坊，当别人正在进餐或饮茶时，这种不雅的小动作往往会令旁观者感到非常恶心。这是很不雅的举动。

(5)当众挠头皮。有些头皮屑多的女人，往往在公众场合会因头皮发痒，而忍不住挠起头皮来，顿时皮屑飞扬四散，令旁人大感不快。特别是在那种庄重的场合，这种行为很难得到别人的谅解。

(6)在公共场合抖腿。有些女人坐着时会有意无意地双腿颤动不停，或者让跷起的腿像钟摆一样来回晃动，而且自我感觉良好，以为这无伤大雅。其实不然，这一举动会让人觉得很不舒服。这不是文明的表现，也不是优雅的行为。

(7)当众打哈欠。在交际场合，打哈欠给对方传递的信息是：你对他不感兴趣。因此，如果你控制不住要打哈欠，一定要马上用手盖住你的嘴，跟着说声"对不起"。

# 8.别让错误的"第一印象"毁了你

庞德说："这是一个两分钟的世界，你只有一分钟展示给人们你是谁，另一分钟让他们喜欢你。"这句话生动地说明了第一印象的重要性。

第一印象究竟有多重要呢？让我们一起看看下面的事例。

凯莉是一家合资企业的负责人，因为工作需要，她要到另一家公司去洽谈业务。当她到达该公司经理办公室门口时，恰逢经理在批评下属，办公室里站着十几个人，个个低着头红着脸，那个个子高挑、皮肤白皙、打扮时尚的经理则脸红脖子粗的，在大发雷霆，她用力摔打着手里的文件夹，用手指着员工，怒骂其办事不力。有个别女员工甚至抹起了眼泪。凯莉顿时觉得到自己来得不是时候。

到了晚上宴请她的时候，因为包间没有订到，该经理又开始借题发挥，诸多污言秽语从她那红润的嘴唇里脱口而出，让那位订包间的下属无地自容。一顿饭还没有吃完，她就又针对餐桌上的某一道菜品开始痛批服务员和饭店的厨师，惹得大家都不得安宁。最后，凯莉忍无可忍，借口退席，果断地终止了和那家公司的合作合同。

在凯莉看来，一个没有修养，不懂得为人基本礼仪的人不适合与她们公司合作，而且这样的人也迟早会被残酷的职场所淘汰。

沈艳娇，在最后一次面试的时候特地穿上了她"压箱底"的宝贝——母亲赠送给她的貂皮大衣。那件衣服是母亲国外的同学送给母亲的，母亲舍不得穿，就送给了沈艳娇。面对这样隆重的场合，沈艳娇穿着这件衣服的目的不言而喻，她想借助这件衣服提高自己的身价。然而让她没有想到的是，正是这件衣服让她弄巧成拙，使得原本可以顺利入职的她，被刷了下来。

从某种意义上来说，穿着这样昂贵的一件衣服在一个普通的岗位上工作，似乎有些不合适。而从另一个角度看，这件大衣也显示了她对动物的残忍。但事实上，沈艳娇只是一个脚踏实地，为生活而努力工作，并且对动物心怀仁慈的人。何况，在沈艳娇看来，这件衣服与她的工作丝毫不冲突。只是错误的第一印象让她和那份心仪的工作擦肩而过。

以上两个案例的罪魁祸首都是第一印象。也许你会怀疑：第一印象真的有这么神奇？的确如此。曾有调查表明，那些注重着装、职业形象较好的人，其工作薪水会比其他人高出8%～20%。心理学上也非常强调"第一印象"的重要作用，它明确指出，当你刚到一个陌生的地方，与素不相识的人初次见面，必定会给对方留下某种印象。

从第一印象中，你所能获得的主要是关于对方的表情、举止、仪表、服饰、语言、眼神等方面的印象。尽管它是片段的，不成体系的，却非常重要。因为，一般人都有先入为主的心理，第一印象往往能对人的认知产生关键作用。研究表明，第一次见面的最初几分钟，是印象形成的关键期。结合社交实际我们不难理解，当我们遇到一个陌生人时，对他的第一印象大都取决于言谈举止，即便只是短短的几分钟，也能让你对此人有一个初步的判断：他很有礼貌；他不修边幅；他着装考究；他谈吐不凡；等等。这些或好或坏的印象，将直接决定着我们是否有进一步与其交往的意愿。对于那些有着不好的"第一印象"的人，绝大部分人会失去与其进一步交往的信心。而对于第一印象良好的人，人们往往会带着交往的期盼，有望去发现对方更多的美好之处。

特别是在商界应酬中，当你要出席一些场合，会见一些人的时候，请先检查自己的仪容仪表：你的皮鞋是否擦拭干净？你的衬衣扣子是否整齐？你剃胡须了没有？梳好头发没有？女性要检查自己仪容是否整洁，最好结合不同场合化妆。熟人之间自然不必如此拘泥，但商务应酬中，我们更多的是面对陌生人，大部分合作伙伴都是从陌生人发展成为同事和客户的，因此，是否能留给对方一个非常完美的"第一印象"，对每一个职场人士来说都至关重要。

有些女人会说："那我不漂亮怎么办？我的衣服不够高档怎么办？"其实我们并不要求每一个人都要追求奢华的服饰，而是要求衣着整洁大方，打扮得体，过分的修饰和丝毫不注重着装都会给人留下不好的印象。这样一来，即使你的综合素质再优秀，也无法挽回你留给对方轻浮浅薄的印象。

因此，要想留给对方一个完美的第一印象，就要学会内外兼修。内，自然指的是提高自己的综合素质和修养；外，则指的是言行举止。

有人说："巴黎女性都是走路姿势优美的天才。"过去在法国中部的都市奥尔良，有一位专门指导上流家庭子弟的琼斯女士，她在教导这些小孩时，会让他们穿上底部装有铅块的鞋子走路。而现代人则会安排孩子练习芭蕾舞，他们的目的并非要小孩成为芭蕾舞者，而是希望从小训练他们正确的走路方法、姿势、举止、动作等。

第
六
章

 以自信为王，你就是最优秀的女人

# 1.永远知道自己要的是什么

美国加州大学洛杉矶分校的经济学家伊渥·韦奇告诉我们："即使你已有了主见，但如果有十个朋友的看法和你相左，你就很难不动摇。"可见，坚持自己的目标是一项很能考验意志的事情。

似乎大部分女人都缺乏决断意识，大到择业、婚恋，小到出行、购物，在每次做决定之前，她们总要习惯性地征询家人、朋友的意见。而且她们觉得最好能多问几遍，从而选出入选频率最高的答案。这样的方式大概能让人觉得心里踏实，但却不见得一定合适。

27岁的刘佳在一家外企工作。最近又一次得到升迁的她，却发现随着事业的发展，同事们开始用"强势"、"精英"、"女强人"来形容她；老公也不再把她当做小鸟依人的爱人而百般疼爱了。

仔细审视了一下，刘佳发现自己在工作上确实比以前更果断厉害，也更能干了，这也是她一直所追求的。但在戴上"女强人"这顶帽子的同时，她也倍感不适，同事的敬畏、老公的疏远，都让她觉得很压抑。她甚至开始犹疑，问自己该不该继续这样强势下去？

朋友们纷纷劝她说："何必苦苦支撑，把自己弄得那么累？家庭才是女人该待的地方。"

丈夫作为一家大公司的高层，更是极力游说她辞职。他给出的理由非常充分：家中有人操持家务，男人的职业状态才能更佳；作为女人，多逛街、购物、做美容，也能更年轻靓丽。而这一切的前提是他自己的薪水足以支撑家庭的所有开支。"想想，这是很多女性梦想的生活呢！"

听了这些，刘佳动心了，她很快就办好了辞职手续。但是，离开自己热爱的事业之后，刘佳变得闷闷不乐，家庭琐事让她厌烦不已，她觉得自己就像一只被关在笼子里的鸟……

几乎每个女人都会在乎别人对自己的评价，并对此患得患失，以致常常为了迎合别人而不断否定和修正自己。其实，那些对你指手画脚的人自己也不知道应该如何抉择。不要奢望所有人都支持你的选择，也不要期许所有人都喜欢你的风格。生活是你自己的，你更应该听从自己内心的想法，而不是随波逐流。

女人不能没有目标，处事不能没有决断。有目标难，坚持目标更难，盲目自信是固执，偏听偏信是糊涂，正确的目标都是对事物本质的反映，坚持正确的目标会让女人走向成功。

歌德曾说："每个人都应该坚持走自己开辟的道路，不被流言所吓倒，不受他人的观点所牵制。"

虽然我们每个人不可能孤立地生活在这个世界上，几乎所有的知识和信息都来自别人的教育和环境的影响，但你必须清楚，在人生的旅途中，你才是自己唯一的司机，你要稳稳地坐在司机的位置上，决定自己何时要停车、倒车、转弯、加速、刹车，等等。只有你才能带自己去想要去的地方，看想要看的风景。

女人也应该学会像男人一样懂得自我认知，永远知道自己要的是什么，这样才不会犯错误，让自己难过和后悔。

148

## 2.坚守一份真，你就是最可爱的女人

在女人的品质里，"真"占据了首要的位置。"真"是美的基础和前提，是一个女人魅力最重要的组成部分。

真实，真诚，真心。一个女人只要具备了这几样特质，纵然是一字不识的乡野村妇，也有她淳朴原始的可爱，如棉布的拙朴粗砺，如山风的清新扑面，如山野里漫天遍地的野花，自由自在地开放，不矫揉造作，不扭捏作态，自自然然，以生命赋予的最初的状态，呈现一份未经雕琢的天然古朴的美。你欣赏也好，你忽视也罢，它都不会介意，而只是快乐地，竭尽所能地去绽放。

如果是养在玻璃房里华贵的牡丹花，也很好。它气度雍容，沉稳大气。任多少人围观赞叹，驻足观望，它自从容优雅，宠辱不惊，不恃才傲物，不咄咄逼人。如牡丹花一般的女人，美丽的外表，渊博的学问，养尊处优的环境均不能掩盖她骨子里蕴藏的一份真。这份真令她的美笼罩了一层悲天悯人的光辉，犹如一个女神，手举圣洁的橄榄枝，把温暖、幸福和爱心向人间播撒，走近的人都可以感受到她的恩泽。

每个人都愿意看见一张真实的脸，感受到一颗真诚的心。她也许不够漂亮，也许不够练达，也许不会八面玲珑，长袖善舞，也许不会算计，不会钻营，不会不达目的誓不罢休，不会走捷径去获取所谓的"成功"。但是，面对这样的一个女人，你会觉得犹如面对一条清澈见底的小溪，不用伪饰，不用设防，如明月的光辉，如清风的拂面。你也会解除掉捆绑在心灵上的层层枷锁，解脱掉束缚于灵魂的种种重负，洗净世俗不洁的尘埃，摆脱功利场上尔虞我诈的凶险恶臭，回到孩童般纯净透明的真。

一个真实，真诚的女人，她本身就是上帝最精美的艺术品。她不需要会做诗，她本身就是一首诗；她不需要会作画，她本身就是一幅画；她也不需要

149

气急败坏、急功近利地去争取"成功"，得到她的男人本身就是最大的成功。

不谙世事的真，青春年少的真，是天然本性，如一块未经雕琢的璞玉。然而，真正难得的是千帆过尽，沧海桑田之后仍未变色的一份真，是历经了种种困苦和伤害，仍痴心不改的一份真，是无论处于什么样的境地，浪尖或低谷，富贵或贫贱，都不曾泯灭的一份真。这样的女人，岁月已经将她雕琢为一块美玉，温润浑圆，毫无杂质。

真的基础首先是"真实"。一张美丽的脸，可以不是完美的，无懈可击的，但应该是真实的，生动的，充满灵性的。

与"真"相对应的是"假"。赝品就是赝品，哪怕不是收藏古玩字画的人，大概也都应该懂得真品与赝品在审美和价值上的区别。

真本是女人特质里最原始、最自然的部分，像花本身具有的香，像珍珠本身具有的光润，本来无需去学习，更无需去四处寻觅，大肆歌颂。只是如今假的东西太多了，数不胜数的赝品充斥世界，因此那一份原本就蕴涵在女人生命特质里的真，才显得如此弥足珍贵。

让我们保持一张真实的脸，哪怕不完美，让我们保持一颗真实的心，哪怕这颗心一时遭受世人的不解、嘲笑，甚至鄙夷，在现实世界里跌跌撞撞，头破血流。但是真金不怕火炼，赝品再闪闪发光，一遇风雨火焰，褪去了光彩夺目的外壳，便会露出拙劣丑陋的本色，变回一堆破烂垃圾。唯有真实、真诚才具有恒久的强大的生命力，才会在岁月的洗礼下越发光彩照人。

保留一份真，坚守一份真，这样你就是最可爱，最有魅力的女人！

## 3.即使得不到别人的认可,聪明女人也不必沮丧

人活在这个世界上,所追求的应当是自我价值的实现,而不是为了他人存活。如果你追求的幸福是处处参照他人的模式,那么你的一生都将会悲惨地活在他人的价值观里。

生活中的我们很在意自己在他人眼中的形象,因此,为了给他人留下一个比较好的印象,我们总是事事都要争取做得最好,时时都要显得比别人高明。在这种心理的驱使下,人们往往会把自己推到一个永不停歇的痛苦的人生轨道上。

事实上,人活在这个世界上,并不是一定要压倒他人,也不是为了他人而活。人活在世,所追求的应当是自我价值的实现,以及对自我的珍惜。不过值得注意的是,能否实现自我价值并不在于你比他人优秀多少,而在于你在精神上能否得到幸福的满足。

真正聪明的女人,只要能够得到他人所没有的幸福,那么即使她表现得不够高明也没有什么。

有一个叫王珍珍的女人,她喜欢弹钢琴,每天都会弹上一段时间,尽管她的水平很一般。有一天下午,王珍珍正在弹钢琴时,她七岁的儿子走进来说:“妈,你弹得不怎么高明吧?”

不错,是不怎么高明。任何认真学琴的人听到她的演奏都会退避三舍,不过王珍珍并不在乎。多年来,王珍珍一直这样不高明地弹,而且弹得很尽兴。

王珍珍也喜欢不高明的歌唱和不高明的绘画。从前还自得其乐于不高明的缝纫,后来做久了,才终于拥有了一手好缝纫技术。王珍珍在这些方面

的能力不强，但她不以为耻，因为她不是为他人而活，她认为自己有一两样技能做得不错就可以了。其实，任何人只要能够有一两样技能做得不错，也就足够了。

从王珍珍的经历中我们不难看出，她生活得很幸福。而获得幸福的最有效的方法就是不为别人而活，不刻意苛求每个人都认可自己。

女人天性善良，所以往往会压抑自我以取悦他人，生活亦步亦趋，但最终受伤害的还是自己。

有这样一则故事：

一只鹤想在自己的白裙子上绣一朵花，以显出自己的妩媚动人。刚绣了几针，孔雀探过来问她："鹤妹，你绣的什么花呀？"

"我绣的是桃花，这样能显出我的娇媚。"鹤羞涩地说。

"为什么要绣桃花呀？桃花是易落的花，不吉祥，还是绣朵月月红吧，既大方，又吉利！"

鹤听了孔雀的话，觉得言之有理，便把绣好的金线拆了，改绣月月红。正绣得入神时，只听锦鸡在耳边说道："鹤姐，月月红花瓣太少了，显得有些单调，我看还是绣朵大牡丹吧，牡丹是富贵花，显得多么雍容华贵！"

鹤觉得锦鸡妹说得对，于是便又把绣好的月月红拆了，重新开始绣起牡丹来。

绣了一半，画眉飞了过来，她在枝头上惊叫道："鹤嫂，你爱在水塘里栖歇，应该绣荷花才是，为什么要绣牡丹呢？这跟你的习性太不协调了，荷花清淡素雅，出污泥而不染，亭亭玉立的，多美呀！"

鹤听了，觉得也是，便把牡丹拆了改绣荷花……

就这样，每当鹤快绣好一朵花时，总有人提出不同的建议。她便绣了拆，拆了绣，直到现在，白裙子上还是没有绣出任何的花朵来。

生活中,总会有人以过来人的姿态向我们提出意见,认为他的经验也适用于你,这种人你要特别提防。每个人的经验都各不相同,适于甲者的不见得适于乙者,你要懂得过滤他人之言。有时候,你自有一套做事的办法,因此,他们的意见可能会有偏差。

聪明的女人,要与反对者保持适当的距离。因为,总有那么一些人会说你的计划无法实现,说你会破产、会受苦,或说你将后悔做出这个决定。

聪明的女人,要培养健全的自我意识,也就是学会取舍别人的意见,要相信自己能够辨别、挑战和更替那些束缚和限制自我发展的思想,即使得不到别人的认可,也不必沮丧,驻足聆听自己的心声,然后做出相应的决定就好。

# 4.让寂寞成为一种"清福"

幸福的女人往往都是耐得住寂寞的,因为寂寞与幸福并存。人们羡慕寂寞时的自由,却往往拒绝寂寞的缠绕。实际上,左手是寂寞,右手是幸福,道理一直都是这样。

寂寞就是一种心情,是幸福过后的沉寂。在曲终人散之时,人们的内心归于平静,以寂寞为伴,痛并快乐着,寂寞并幸福着。

妻子说婚后的生活一直很平静,平静得让人觉得可怕。丈夫的应酬很多,大多时候她都是一个人在家陪着儿子。渐渐地,她与丈夫的沟通越来越少,似乎有一种即将行同陌路的感觉。那种日子让她觉得自己要窒息了。于是,她走了出去,只为到外面透透气,释放一下心里的郁闷,缓解一下心里的压力。

可没料到的是，她开始了一段错误的感情游戏。她在丈夫与情人之间苦苦挣扎，道德与良心时时撕扯着她的心，她丢不下丈夫，却也舍不下情人，日日被痛苦折磨。最后，她让丈夫来做抉择，毕竟丈夫是她最爱的男人。结果可想而知，丈夫无法原谅她的过错，家庭平静地解体。丈夫临走时留下一句话："女人，你应该守住寂寞。"

妻子之后也与情人断了关系。那只是一个错误，一个寂寞的故事。只是这个错误的代价太大了，要她用一生来追悔，要她用余生的寂寞来惩罚自己。

著名作家梁实秋先生曾说："寂寞是一种清福。"能把寂寞当作幸福来享受的人，必定是胸怀大智慧之人，常人不会把寂寞当作一种享受。

那么如何让寂寞成为一种清福呢？

梁实秋在书中写道：

"我在小小的书斋里，焚起一炉香，袅袅的一缕烟线笔直地上升，一直戳到顶棚，好像屋里的空气是绝对的静止，我的呼吸都没有搅动出一点波澜似的。我独自暗暗地望着那条烟线发怔。屋外庭院中的紫丁香还带着不少嫣红焦黄的叶子，枯叶乱枝的声响可以很清晰地听到，先是一小声清脆的折断声，然后是撞击着枝干的磕碰声，最后是落到空阶上的拍打声。这时节，我感到了寂寞。在这寂寞中，我意识到了我自己的存在——片刻的孤立的存在。这种境界不易得，与环境有关，更与心境有关。寂寞不一定要到深山大泽里去寻求，只要内心清净，随便在市廛里，陋巷里，人们都可以感觉到一种空灵悠逸的境界，所谓'心远地自偏'是也。在这种境界中，人们可以在想像中翱翔，跳出尘世的渣滓，与古人同游。所以我说，寂寞是一种清福。"

这种静寂状态下的寂寞并不是孤独，而是幸福。

154

　　不过人们只有在心灵真正进入到静寂状态时，才能找到那种幸福。当然，这种寂寞下的幸福也不是永久的，有时只存在于瞬间。"在这种境界中，我们可以在想像中翱翔，跳出尘世的渣滓，与古人同游。"梁实秋真正写出了自己的体会。

　　有一对年轻的夫妻不安于贫困，结婚不久便外出闯荡。初到离家千里之外的地方，一切都是陌生的。没有住处，他们就住铁皮屋。在寒冷的冬天，屋子就成了冰窖。在炎热的夏天，屋子便成了火炉。

　　但是，他们感情非常好。冬天，男人知道女人怕冷，在晚上睡觉时，他先上床暖好被窝，等她睡觉时再把她搂得紧紧的，生怕冻着她；夏天，男人怕女人热，每天临睡觉前都会给她准备好洗澡水，然后还不停地往地上洒水，用来降温。没有钱买好吃的，他们一日三餐就吃从家里带来的干粮，就着咸菜，喝着白开水。

　　女人怕男人身体受不了，于是拼命打工赚钱。她买了个电饭煲，天天煲他喜欢喝的汤。每次看着他大口大口喝汤的样子，她就感到幸福至极。她时常感叹，再也没有比那时更幸福的日子了。

　　男人和女人吃了很多苦，终于赚了些钱。然后，他们拥有了漂亮的房子、汽车和公司，拥有了有钱人拥有的一切。冬天有暖气，夏天有空调，男人再也不用担心女人怕冷、怕热了。家里也请了保姆，一日三餐按时做，女人再也不用担心男人吃不好，也不再亲自给男人做饭煲汤了。

　　都说患难夫妻同甘共苦，可共苦之后的同甘却往往不尽如人意。尽管女人住着男人买的大房子，用男人的钱买名牌化妆品、做美容，可女人心里真正想要的却不是这些。她希望还能像当初一样，男人对她嘘寒问暖，关心备至。她希望男人晚上能陪她一起看电视，或者一起散散步，聊聊心事，不要每晚都应酬到深夜。她希望男人能在休息日陪她一起去海边漫步，或者到大自然去呼吸新鲜空气，不要总是加班。她很不解，为什么这些别人看来很简单的事情，在他身上却难以实现？为什么十几年前都能做到的事情现在却很难

155

做到？

　　女人做梦都希望回到从前，虽然那时生活贫穷，但他们都把彼此时时记在心里，尽管没有钱，但很快乐。而现在有钱了，快乐却消失了。

　　男人说，不是他做不到，而是实在没有时间去做，他所有的时间都用来处理公司里大大小小的事情了，因为竞争太激烈，稍不留神便会前功尽弃。现在，他一天到晚忙个不停，连休息的时间都没有，哪里有闲情雅致陪她去海边漫步！以前没有人际关系，没有应酬，当然能早早地回家陪她。

　　女人一遍遍地提起，男人一次次地拒绝。时间长了，男人便觉得女人很无聊，而女人却认为，连这么简单的事情都不能满足她，男人一定变心了。

　　女人忘记了，男人虽然不能实现多陪她的愿望，却实现了当初他在铁皮屋里许下的承诺：这一辈子让她吃好，住好，穿好，过上好日子。

　　于是，男人和女人有了结婚后第一次激烈的争吵，吵来吵去，男人便不想回家了。男人说他太累了，忙于事业、忙着挣钱，没有精力再和她吵。慢慢地，男人就成了负心汉。由于女人不停地吵，最后把他们的婚姻吵散了。

　　其实，女人不明白，幸福有时候需要寂寞，寂寞与幸福成正比。请男人和女人记住，有一种寂寞叫做幸福，也有一种幸福需要付出寂寞的代价。

　　寂寞的确难耐，但它的难耐正显现出它的美好。寂寞既是对人的一种考验，也是人们在身处困境时的体验。只有身处寂寞，人们才能自我反省，感悟人生，思索生命。

　　因此，寂寞是人生旅程中必不可少的驿站，人们可以在这里将自己和生活进行调整，迎接更好的明天。从这个角度看，你必须感谢寂寞，是它让你更专注地投入生活，更清醒地认识自己，更珍惜宝贵的生命，让人们拥有幸福，所以，寂寞也是一种幸福。

# 5.不完美，其实真的没关系

曾几何时，做个完美女人成了多数女人的目标，"出得厅堂，入得厨房"就是对这类女人的描述。可是，当"家庭、工作、父母、孩子、交际"这完美女人的基本五要素全压在女人身上时，女人却觉得不堪重负，完美女人的目标让她们越活越累。

做个不完美女人，你会发现你反而会更快乐。

许多女性容易衍生出这样一种心理，为了得到爱，为了和某个男人建立一种相对亲密的关系，她们必须尽可能把自己变得万种风情，美妙无比，最好是完美无瑕，能够颠倒众生。假如世上真有一块魔镜的话，不知有多少女人在清晨梳妆时，会面对着镜子喃喃自语："魔镜，魔镜，我是不是世上最美丽的女人？"这又何苦呢，女人不完美，其实真的没关系！

到后来，完美终于变成了女人的一种梦想，尤其是现代女人的一种梦想。许多女人不自觉地以时尚杂志的封面模特或者女明星们作为衡量标准，检测自己还有哪个地方不够完美，然后大费周章地进行一系列加工。然而她们最终未必就是幸福的，就是快乐的。

固然，男人在梦想中，总是希望拥有一个完美的女子，可是他们心中的完美未必就是女人心中的完美，甚至有时差距很大，更何况，有时爱与不爱，和完美没有多大关系。

有时甚至，恰恰相反，完美的女人更难收获完美的爱情。而男人什么时候真爱过完美的女人？这是个让人存疑的话题。的确，有的女孩不是很完美，但是她们往往可以击败那些看上去很完美的女孩；有的女孩不乖，但是她们总是能吸引到心仪的男生。

许多人在感情失败的时候，总觉得是因为自己不够完美，其实，这不过

157

是你的一种错觉罢了！当男人喜欢一个女人的时候，即使你无知、不完美，那又怎样？他们一点都不会为自己喜欢上这样一个女人而感到羞愧，相反，他们会说，正是因为她的与众不同才吸引了自己！

如果一个男人因为你挑错了口红或者衣服就甩了你，那听起来，更像一个笑话不是吗？

男人对美的要求并不像女人自己那样严苛。他不会拿《花花公子》封面女郎的身材去对比自己现实中的女朋友。男人很清楚，墙上的招贴画与身边的温柔女子绝对是两条不相交的平行线。

其实，完美的女人作为世界上最美丽的风景之一，有时候的确只有观赏价值，让人敬而远之。完美无缺，全身没有一丝破绽，优秀得让人仰视，这样的女人，在一些男人眼里是用来尊敬的，用来崇拜的，甚至是用来供奉的。在世俗生活中，男人其实是受不了太完美，也不信任完美的，太完美只会给他们带去心理压力和精神负担，而那些教女人成为完美女人的守则，不过都是一些让女人盲目跟从的陷阱罢了！

女人不要太完美，如果真的一味去追求十全十美，那不过是给自己披上了一件奢侈而沉重的华丽外衣，看起来悦目，穿上却并不舒服。

一个女人首先要懂得欣赏自己，把握自己，更要保持心理平衡，学会接纳自己，接受自己的长处与缺点。一个人做得再多再好，也总有不完善的地方，总是无法让所有的人都满意的。

学会适可而止吧！不完美，真的没关系。做一个平平常常的人，保持一颗年轻的心，一颗快乐而充满活力的心。要给自己留有时间和空间，用豁达的心态去对待一切，看淡一切，只要给自己信心，懂得欣赏自己，才会有发自内心的微笑，才能更好地发展自己，才会有成功的机会。

胭脂红粉只能点缀青春，却不能掩饰岁月留下的痕迹，多么青春美貌的女子，终有一天会垂垂老矣，甚至老态龙钟，而生命中真正的收获，真正成熟的标志，可能是你在某一天终于跳出了完美的桎梏，懂得面对自己的不完美，懂得营造一种内心的平和与安详，从而收获到一份真正的平静与快乐。

## TIPS：各国女人追求不一样的完美

不同的国家、不同的民族对美的看法不尽相同，不同国家中不同性别的人对美的态度也大相径庭，而不同国家的女性对美的态度则更是相差甚远。

### 委内瑞拉女人：热衷选美

众所周知，委内瑞拉人十分注重外表。一项针对30多个国家的调查表明，委内瑞拉不管是男人还是女人都是世界上最爱美的人，他们用在脸上的化妆品是别的国家的人无法比拟的。美容师卡布雷拉曾经这样说过："这里的人很穷，但是你要上一辆公共汽车的话，里面就充满了名贵的香水味，委内瑞拉人可以不吃饭，但不能不精心地打扮自己。"

的确如此，一项市场调查显示，委内瑞拉人会把收入的五分之一用于美容和服饰上。因而"再穷也不能穷脸蛋"的说法在委内瑞拉十分流行。

正因为委内瑞拉人爱美，委内瑞拉也成了一个美女辈出的国度，当然女人热衷选美也就顺理成章了。

参加选美历来是女性最大的梦想。于是，美女加工厂成了委内瑞拉一道独特的风景线。训练优雅的仪态，塑造完美的形体，学习日常的梳妆打扮成为美女候选人每天的必修课。一旦成为某个选美大赛的得奖主，命运之神也许就会从此降临，改变其一生的命运。

### 韩国女人：以整容为美

韩剧的流行，令中国人对韩国女性有了一份"惊艳感"。其实这些漂亮的韩国美女，绝大部分都是靠"整形"整出来的。

据韩国媒体报道，近年来整容在韩国日益风行，许多影视明星和歌手都坦承做过整容手术，还有很多韩国女演员也传出"挨刀"的新闻。整容风从演艺圈刮起，使90%的韩国大牌艺人都狠下心在身上动刀，不管是歌手还是明星，几乎没有不动刀的。

目前，这股整容风已经从演艺圈吹向了普通的工薪阶层。

针灸以前被用来治病,现在却成为韩国女性快速减肥的方法,被针扎几下还不算什么,不少人还愿意为美开刀。根据一项调查统计显示,有13%的韩国女性都动过整容手术,这个比例高居全亚洲第一。为了登上美的顶峰,韩国女性不怕开刀,比较受欢迎的项目包括割双眼皮和抽脂消除萝卜腿。

**中国女人:以典雅为美**

中国有上下五千年的悠久历史。在这个泱泱大国,也有着源远流长的美容传统。由于男权社会的压迫,中国历史制造的是笑不露齿、足不出户的病态闺阁美人。然而时值今日,健康的典雅美正成为中华民族女儿们的新追求。在中国人的眼里,典雅温婉的大家闺秀是最赏心悦目的。无怪乎,淡妆和旗袍在中国极为盛行,成为典雅美的标志妆容、着装。

**美国女人:以性感为美**

在美国,性感充斥着整个社会,性感美女在美国大行其道。广告中、街头上、电影里,到处都是性感女郎。连其举办的奥运会都冠以性感的称谓:性感奥运。同时,还出现了许多令人瞠目结舌的名称,如性感电脑网络迷、大学校花性感挂历,真是应有尽有。

不仅如此,美国女人为了达到性感的要求,总将自己的美化工作交给专业人士,她们愿意到美容美发店中享受从头到脚的服务:面膜、美甲、脱毛,也不惜花费大价钱整容,以求丰胸肥臀,给人以性感美的外表。

没有神采的美人是不美丽的。所以,美国的SPA文化风行已久,美国女人总是在SPA里,给自己充电,恢复摄人的魅力。

**波兰女人:时刻保持俊美**

波兰女性的美世界闻名,她们爱美的习俗更令人惊叹。年轻女人好美,并时时注意自己的妆容和服饰不足为奇。可是在波兰,即使是年过花甲、银丝飘飘的老妪,出门丢一个垃圾袋,也会将自己打扮得整洁、明亮。在波兰女人看来,时刻保持俊美已深深扎根在她们心中。

**芬兰女人:以参政为美**

芬兰女人从不信女子弱于男。女性对美的态度不仅仅停留在穿衣打扮上，而是热衷于参政。在上届议会的200位议员中，女性占77位。在内阁中，有5位女部长，并且有世界上唯一的女国防部长埃·雷恩。女兵占军人总数的20%。

### 日本女人：以洁白为美

如果说西方美人是金色、绚丽、闪亮的，那么日本的美人则是洁白、晶莹剔透的。洁白无瑕的面容是日本女人终身的课程。当日本女人凑在一起时，她们讨论最多的可能就是如何美白，亦或是交流美白的经验和教训。所以，美白产品在日本也就成了最受欢迎的产品，永远占据着巨大的化妆品市场份额，如最大的日本化妆品厂家资生堂的美白产品，就是日本女人化妆包里的必备品。

### 西班牙女人：以力量形体为美

也许是爱看斗牛的缘故吧，力量形体在西班牙女性眼中是最有魅力的。她们不仅爱看斗牛，而且还积极投身于斗牛活动中。曾经有一位斗牛士的妻子莫雷成立了一个女斗牛士协会，并且招募勇敢的女性加盟。虽然由于社会舆论强大，真正加入的人寥寥无几，但西班牙女人以健壮为美的价值观却昭然若揭。

### 法国女人：以优雅为美

法国女人是美丽国度最执著的追求者。即使在她们还是孩子的时候，她们就学会了关注自己的皮肤和身体，母亲们为自己年轻的女儿预定美容课程非常普遍。从十几岁起，法国女人就开始使用丰胸以及其他身体产品，她们花在美容和皮肤护理上的时间比任何国家的女人都要多。因而法国有了"美女王国"的美称。

法国女人以优雅为美。为了保持优雅的仪容，化妆当然必不可少。年轻时以淡妆示人。年老后，为了保住青春美丽，于是越老的越化妆，越丑的越花钱整容。因此也有人说，法国女人不是人美，而是香水和化妆品美。

## 6.给自己一个很乐观的评价

一个女人只要能正确认识自己,并且能够给自己一个很乐观的评价,那么她就是一缕阳光,总会给人一种充满朝气与活力的感觉,不论她是否还年轻,也无论她是否还漂亮,我们总会觉得她们就是最美的女人。所以,我们要学会看到自己的长处,学会给自己打气,为自己加油,人生路上纵有不如意,也不会气馁,依旧挥洒自如。

在一个风雨交加的下午,一个女人跌跌撞撞地走进了一家心理咨询诊所。如果你仔细观察这个女人,你会感到非常奇怪。

这个女人大概20多岁,面容姣好,衣着华丽,拎着一款名牌手包,身上佩戴的首饰一看就是出自名设计师之手,打扮得非常时尚、讲究。

按理说,这样一个女人应该举止从容、神采飞扬,可是她却一脸憔悴,双眉紧皱,嘴唇发白,好像快要哭出来了,走路也踉踉跄跄的,像得了一场大病。

这个女人径自推开一间诊室的门走了进去,根本顾不得身后的护士冲她喊:"小姐,你预约了吗?"

诊室里坐着一位心理医生,他抬头看了看闯进来的女人,示意护士不要拦她。

那个女人在医生面前的椅子上坐了下来,神情恍惚,用很迷茫的语气对医生说:"对不起,我知道我没有预约,但我必须找个人说说,否则我就要从楼上跳下去了。"

医生示意她不要紧张,温和地说道:"我很愿意听你说话,能告诉我发生了什么事情吗?"

女人深吸了一口气，然后开始述说："我觉得自己要崩溃了，我的事业遇到了很大的困难，几乎让我倾家荡产，男朋友还在这个时候要离我而去。我真是失败，这么大了还令爸妈伤心，朋友们也跟着操心。"

医生看着她问："就因为这样，所以你觉得自己很失败，甚至要跳楼？"

"你不了解。"女人望着医生摇了摇头，"我从小就是个好学生，爸妈以我为荣，老师为我骄傲，同学们都很羡慕我，可是现在，我让所有的人失望，连他们的眼睛我都不敢看。"听到这里，医生说："从你进门到现在，你一直在强调别人对你如何失望、如何伤心，那你呢？你对自己怎么看呢？""我？我是一个令所有人失望的人。"女人沮丧地说。

"不对，这仍然是别人的看法，'所有人失望'是别人的感受，而不是你对自己的看法，我想知道你对自己是如何看的。"

"这有什么不同？我令人失望，这就是我对自己的看法。"女人一脸茫然，想不清楚这其中的分别。

医生微笑着说："好了，我们暂时不去讨论这个问题，现在你告诉我，有没有什么办法能使这种糟糕的情况改变？比如恢复你的事业、重建你的信心。"

女人皱着眉想了想，然后摇摇头说："没有了，我现在除了身上的这套穿戴之外，已经再没有一点值钱的东西了，连车子也已经卖了抵债，谁愿意帮助一个这样落魄的女人呢？大家唯恐我向他们借钱，躲都躲不及。天哪，谁能帮帮我？人们常常说遇事有贵人相助，可是我的贵人在哪儿呢？"

女人这样说的时候，情绪十分激动，好像马上就要崩溃了。医生听到这里，想了想说："虽然我没有办法切实地给你什么帮助，但如果你愿意的话，我可以介绍你见一个人，她可以帮助你还清债务，东山再起，让所有人对你刮目相看。"

"真的吗？"女人听了这话眼前一亮，但她不敢相信这个事实，用疑惑又期待的眼神看着医生。

"当然是真的，跟我来！"医生站起身来，带着这个女人走出了诊室，穿过走廊，来到另一间屋子。

这是一间空屋子，除了墙上挂了一面大镜子外什么也没有。女人疑惑地问："您说的那个能帮助我的人在哪儿？"医生请女人站到墙上挂的那面镜子前，镜子中立刻映出了女人憔悴的身影。他指了指镜子说："就是这个人。在这个世界上，只有一个人能让你重整旗鼓，就是她！当然，在她帮助你之前，你必须要彻底地了解她、认识她，就当做你以前从未见过她一样。你必须知道她真正在想什么、要得到什么、能做些什么。如果你不能对这个人作充分而彻底的认识，那么很抱歉，真的再没有人能够帮助你了。"

女人听了这话有些愣住了，她缓缓地朝着镜子走了几步，慢慢地伸出手，去触摸镜子里的脸，并对着镜子里的人从头到脚仔细地打量起来。几分钟后她缩回手，摸了摸自己的脸，然后后退了几步，突然大哭起来。

医生不去管她，任由她痛哭着，发泄着。

当女人痛哭完毕，走出心理咨询诊所的大门时，虽然仍旧难掩憔悴之色，但精神显然振奋了很多，她对医生说："谢谢您介绍我认识了那个可以帮助我的人，我想我会了解她的。"

一转眼半年过去了，那个女人又一次来到这家心理咨询室，仍然找到了那位医生。

医生已经不认得她了，因为她的样子完全变了：衣着虽然没有以前华丽，但是整洁干净，搭配巧妙，最重要的是她的精神状态大不一样了，原来那种茫然、憔悴、失落的神情已经不复存在，取而代之的是阳光般灿烂的笑容。

女人微笑着对医生说："今天来是谢谢您，您让我重新认识了自己，意识到了自己的独立性。我已经重新振作起来了，现在的事业虽然还没有恢复到最理想的状态，但基本已经还完了债务，我相信会越来越好的。"

医生也很为她高兴，但又问："你真的彻底认识了自己吗？"

女人想了想回答说："我不敢说彻底地认识，只是每一天我都去审视自己，聆听自己的心声，重视自己的想法，我想我不会再强调别人重要而忽视自己的力量了。"

自信所拥有的力量是不是让人惊奇？无论在多么糟糕的情况下，自己都可以找到出路；即使没有机遇，自己也可以创造机遇。

卡耐基说："信心和勇气能够导致激扬奋发的情绪，会使整个人像是突然被'充电'一样带劲，会立即产生一种超越困难的欲望，把身体的潜能挖掘出来，并凭着它去成功。"

世界著名的游泳健将弗洛伦丝·查德威克，一次从卡得林那岛游向加利福尼亚海湾，在海水中泡了足足16个小时，她看见前面大雾茫茫，心想：怎么看不到头呢，何时才能游到彼岸啊？失去了信心的她顿时浑身困乏，再也没有办法向前游动而以放弃告终。

事后，弗洛伦丝·查德威克才知道，那个时候，她已经快要到达终点了，成功的彼岸就在前方。其实阻碍她成功的不是大雾，而是她内心的动摇。是她在被大雾挡住视线后，对创造新的纪录丧失了信心，然后才被大雾所俘虏。

对于这一次的经历，弗洛伦丝·查德威克感到非常惋惜。为了弥补这次的过失和遗憾，她在两个月后决定重游加利福尼亚海湾。游到最后，她也感到非常疲乏，但一想到上一次的教训，她便不停地鼓励自己："离岸边越来越近了，绝对不能功亏一篑！"潜意识里发出的"我这次一定能打破纪录！"的强烈信号，让她顿时浑身充满力量。

最后，弗洛伦丝·查德威克终于超越了自己，做到了自己原来没有做到的事情。

科学研究表明，人的潜能是无穷的，就算是众多取得伟大成就的成功人士，如爱因斯坦、牛顿等，他们的潜能也不过只开发了10%。而普通人所能利用的大脑潜能，更是少之又少。因此，要相信自己能够继续进步，相信自己完全可以进军更高的目标，相信自己可以攀登更高峰。只有相信自己具有无穷的潜力，你才能真正下功夫去发掘自己的潜力，才能取得辉煌的成就。

**TIPS：让自己更自信的小窍门**

生活中，人不可避免地会遭遇失意、挫折。这时候，怎样重树自信心就显得尤其重要。英国心理学家克列尔·拉依涅尔就如何增强自信心，提出了10条建议：

(1)早中晚各照一遍镜子，整理自己的仪容，以对自己的外表放心。

(2)时刻要想着自己的长处，忽略自己的缺陷。"金无足赤，人无完人"，不要总把自己的缺陷放在心上。

(3)很多你认为窘态的状况，可能别人并没有注意到，因此自己也无须过于在意。

(4)不要总是批评别人，喜欢指责别人是缺乏自信的表现。

(5)学会沉默是金，不急于表现自己。多数人喜欢的是听众，因此，当别人在讲话的时候，不要急着用机智幽默的插话来赢得别人的好感。你只要当个合格的听众，他们就一定会喜欢你。

(6)"知之为知之，不知为不知"，不懂装懂不但不能保全形象，还会让人觉得你不够诚实可靠。别人取得了成就，要给以赞赏，而不要做装作不在乎的傻事情，羡慕就说羡慕。

(7)为自己找一个能够在任何情况下陪伴你的朋友，这样，无论遭遇怎样的失意，你都不会感到孤独。

(8)学会保持沉默。对于有敌意的人，你可以保持沉默。

(9)不要让自己处于不利的位置，别人的同情也会打击你的自信心。

# 7.要学会勇于说"不"

女人天生心软，尤其是人在职场，经常会有同事或者领导托你办事，有时候，这件事你明明不能胜任，或者有违自己的良心，亦或者办这件事会让你付出沉重的代价，有点得不偿失。但很多人会习惯性认为，这是同事或领导委托你的事，拒绝似乎不太好，于是便勉强接受下来，结果弄得自己处境更加艰难。很多人答应后就感到懊悔，结果生气的是自己，而答应了如果办不好，别人未必体谅你的苦衷，于是郁闷的还是自己。

所以说，女人主张自我和自强的一个重要标志，就是学会勇于说"不"，且不会有任何愧疚和不自在的感觉。

快下班的时候，周琦接了一个电话，一听连撒娇带耍赖的语气就知道是王蕊，她说："亲爱的，救救我吧，帮我写个方案，客户已经催了好几次了，可是我实在是没有时间啦，你知道林杰最近在追我，我也很喜欢他，你帮帮我，就算支持我的爱情啦……周末我请你吃韩国料理！"

王蕊是周琦在公司里最好的朋友，属于那种嘴巴很甜的女人。这已经不是她第一次求助周琦了，她一下班就忙着去约会，常常把做不完的工作推给周琦。每次周琦都想拒绝，可听到她一句一个亲爱的，那能把人融化的声音，周琦就不知道该怎么开口说"不"了。

周琦想，好朋友是该相互帮助的，拒绝会不会让自己失去这个朋友呢？可她确实也没有时间一再帮王蕊，她自己还要陪孩子上夜校，还有很多家务要做，上次就是为了帮她，结果错过了接孩子的时间，老公为此还和她发了脾气。

周琦一边写方案，一边郁闷到心烦，既气王蕊不体谅自己，也气自己心太软。

167

很多女人和周琦一样，已经习惯了一种思维模式，就是替更多的人考虑。那么现在，短暂地抽身出来，改变一下自己的思维方式，你会发现，恢复独立性的你，能更好地取悦自己。

要知道，在力所能及的情况下，我们帮助别人是非常必要的，这样做也会给我们带来很多的益处，比如良好的人际关系和高效的工作。但也有一些人，会提出一些不合理的要求，那时该怎么办呢？

在拒绝同事或领导委托的事情时，要做到既不让对方失望，也不让自己难过，是很需要智慧和口才的。尤其是对于领导的不合理要求，你更要断然拒绝。尽管部下隶属于领导，但部下也有独立的人格，不能不分善恶是非地去盲目服从。部下并不是奴隶。倘若你的领导以往曾帮过你很多忙，而今他要委托你做无理或不恰当的事，你拒绝他，这对领导来说是好的，对自己也是负责的。

当然，拒绝更要讲究方法，采用什么办法才能让对方接受，这里面也是很有学问的。

当同事或领导提出一件让你难以做到的事时，如果你直接答复做不到，可能会得罪同事或让领导损失颜面。这时，你不妨说出一件与此类似的事情，让对方自觉问题的难度，而自动放弃这个要求，这是最好的说服方式。

或者，你也可以找一些其他的理由，只要理由足够充分即可。你要彻底地向对方说明不能胜任的原因，这样对方才会意识到你是经过深思熟虑才做出的决定。

如果委托你办事的是你的领导，办的又是公事，注意要给领导留出充足的时间来重新安排这项工作，或者帮助你把目前手上的工作委派给其他人，这样说不定你就有时间来做新的工作了。

若你拒绝的理由是没有足够的时间，你最好事先把手上的工作列出一个清单来。如果领导没有看见清单，他可能永远都不知道你做了这么多的事情。

若你觉得接受新任务会对现在手上的工作造成影响，那么就把这些原因解释给领导听，他会欣赏你的坦诚和尽职。

若是因为你的能力问题，而造成无法胜任新的任务，那么也别怕对领导坦白。如果你接受了自己根本做不了的事情，那才是真的糟糕。不妨问问他以后的任务是不是也会需要这些专业知识，如果是的话，要让他知道你会抓紧时间在这些方面多多学习，争取在接受下个任务之前把业务能力培养好。

另外，当领导提出某种要求而你又无法满足时，你也可以设法制造自己已尽全力的错觉，让领导自动放弃其要求。

比如，当领导提出不能完成的任务后，就可采取下列步骤先答复："您的意见我懂了，请放心，我保证全力以赴去做。"过几天再汇报说这几天因急事出差，等下星期回来，再立即报告他。又过几天，再告诉领导：会在公司会议上认真地讨论。尽管事情最后不了了之，你也会给领导留下好感，因为你已经告诉他你在"尽力而做"，领导也就不会再怪罪你了。

通常情况下，人们对自己提出的要求总是会念念不忘，如果长时间得不到回音，就会认为对方不重视自己的问题，反感、不满由此而生。相反，即使不能满足领导的要求，只要能做出些样子，对方就不会抱怨，甚至会对你心存感激，主动撤回让你为难的要求。

很多你不情愿，不喜欢的事情，其实是可以轻松拒绝的，女人要高度地肯定自己，懂得追求完美，但也要懂得原谅自己。

不仅仅职场女性，家庭主妇也是一样，如果你一直在大家庭中扮演着"牺牲者"和"付出者"的角色，应该问问自己是迫于无奈，还是发自内心的喜欢，如果答案是前者，建议你应该建立你的"自我"形象。当你的快乐发自内心时，你会给家人带来更多的幸福和快乐。

## 8.你总有比别人优秀的地方

你总是在斤斤计较自己的平凡，你总是在想方设法证明自己的失败，每一天你都在为自己的想法找证据，结果你越来越觉得自己平凡、渺小，处处不如人，越来越消极，郁闷，沮丧……

一个值得思考的问题是：为什么你明明知道这样做会使人生更灰暗，负面的感觉更多，更不知道珍惜人生的天赋美好，却还是执迷不悟呢？

雅倩是个性格内向，干什么事情都缺乏自信的人。她一直觉得自己很丑，却不愿意在穿衣打扮上下功夫，当然也拒绝很多聚会。

不久前，公司要召开一个系统会议，而雅倩则被老总指定在会上发言，要穿什么衣服参加会议，成了她最为难的事情。在朋友的带领下，雅倩最后选定了一套很流行的套装。当雅倩穿着漂亮的衣服微笑着在台上发言时，会议室里的人顿时哗然，虽然雅倩也经常在办公室出没，可是这么有气质的时候还是很少见的。

"哇，真的很有气质，平时怎么没有看出来呢？""老总选定的人就是没有错啊！"此起彼伏的赞美让雅倩的信心大增，发言也讲得深入浅出，得到了老总和各部门领导的一致好评。

会议结束后，雅倩就开始重新打量起自己，她这才发现，自己其实不是很丑。

我们都是芸芸众生中的一员，都是平凡的小人物，但我们也有比别人美好的地方，所以千万不要自贬身价。要相信，你总有比别人出色的地方，一旦有了合适的时机，它就会展现出来。

著名诗人鲁藜说过："把自己看作珍珠吧，老是把自己看作泥土，就会沦陷在时时被埋没的痛苦中。"

有时候你会发现，你原来比想象中的还要优秀。实际上，每个人都会有她最擅长的那一方，虽然你还没有发现自己哪个最拿手，但也不要把自己看得太轻，说不定什么时候它会自己跑出来。

内心强大的女人会肯定自己，也会在心里告诉自己："没有什么大不了的，就算最后错了，那我也要用实际来见证我的错误。"或者是"我做不好的，别人未必做得好，我只要尽力了就没有什么可怕的。"

女人千万不要在自己做的事情还没有出结果时，或者是还没有开始办一件事情时，就直接对自己说"不"。这样会让别人看不到你的自信，也看不到你的能力。如果对这件事情感兴趣，或者是有一点点心动，不妨给自己一个机会，这时你会发现，原来自己也很优秀。我们小的时候都堆过积木，玩过拼图。当看到堆放在眼前的东西时，可能都觉得自己很难将它们组合起来，但真的一样一样摆放后，你会发现，自己最后真的完成了。这是为什么呢？因为那时候父母总是会鼓励我们说："宝贝儿，慢慢来不急，你是最棒的。"这句话让我们对自己有了信心。

伯乐不一定是别人，也可以是我们自己。永远不看轻自己，努力做个自信而优秀的女人。

第七章

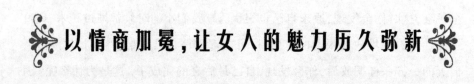

以情商加冕，让女人的魅力历久弥新

# 1.换个角度看生活,别总把不顺归罪他人

女人总会把生活中的不顺归罪于他人，甚至归罪于虚无缥缈的上天和命运,她们很少反问一下自己:我做对了吗？难道这不是自己的错吗？

其实,人生的很多不顺,往往都是自己在给自己出难题。而生活的很多不快,也往往都是自己在跟自己过不去!

从前有个妇人,她一遇到不顺心的事就生气,因此和邻居朋友的关系都搞得很僵。她很懊恼,想改却一时又改不了,于是终日闷闷不乐的。

有一天,她在和一个好友聊天时,说出了心中的苦闷。朋友听完后就对她说:"我听说南山庙里有个得道高僧,他也许可以帮你解决这个问题!"

于是,妇人就去了南山庙找那位高僧。她对高僧说:"大师,我老是喜欢生气,您能告诉我这是为什么吗？"

高僧笑而不答:"哦,施主,请跟我来!"

高僧把妇人带到一个小柴房的门口,说:"施主,请进!"

妇人很奇怪,她不明白高僧的意思,但还是硬着头皮走进了柴房。这时,只见高僧迅速把门关上并上了锁,继而转身走了。

妇人一看,就气不打一处来,怒骂道:"你个死和尚,干嘛把我关在里面啊,快放我出去……"

妇人骂了很久,高僧也不理会。于是妇人又开始哀求,高僧仍置若罔闻,最后妇人总算是沉默了。高僧来到门外,问她:"你现在还生气吗？"

妇人回答说:"我只是在生我自己的气,我为什么要到这鬼地方来受罪。"

"连自己都不能原谅的人,怎么能够原谅别人呢？"高僧说完,拂袖而去。

过了许久,高僧又来问她:"还生气吗？"

"现在不生气了。"妇人回答说。

"为什么呢？"

"气也是没有办法啊。"

"你的气还没有消逝，还压在心里，爆发以后仍会很剧烈。"高僧说完又离开了。

当高僧第三次来到门前时，妇人立即上前说："我现在不生气了，原因是不值得气了。"

"还知道什么叫不值得呀，看来心中还有衡量，还是有气根的。"高僧笑着说。

最后，当高僧打开门，迎着夕阳站在门外时，妇人问高僧："大师，何为气呢？"

高僧把手中的茶水倾洒在地。

妇人看了很久，顿悟，叩谢后离开了。


从这个故事中，我们可以得出这样的结论：很多时候，我们认为是别人伤害了我们，却从来都不知道从自身找原因，难道真的都是别人的错吗？仔细想想你就会发现，原来老天其实很眷顾自己，而朋友也从未曾主动离弃过自己，又何苦一定要生气呢？气其实就是别人吐出来后，你又接到口里的那种东西，你吞下就会觉得反胃，而你不在意它的时候，它也就会自动消失。

夕阳如金，皓月如银，人生的幸福、快乐是享受不尽的，哪里还有时间去生气呢？

很多时候，我们想去寻找快乐，结果却本末倒置，惹了一身气。不如别人时，会心生嫉妒，失去从容；发生意外时，会心生慌张，失去镇定；痛失亲人时，会失去理智，心生绝望。

其实，我们从另外一个角度看事情，就会明白，失去从容，只会令自己更加不如别人；失去镇定，只能使事情更加走向反面；心生绝望，也只会让一切于事无补，幸福才是所有人的愿望。事实上，我们生活着，就要美好着。

174

有一个人独自去旅行，第一站就是游历名山。当她气喘吁吁地到达山顶时，她被眼前美丽的景色陶醉了。立于山巅，所有景色尽收眼底，奇峰怪石，烟雾缭绕，美得令人心旷神怡。

都说无限风光在险峰，不爬到山顶，怎么能欣赏到如此美丽的景致呢？她唏嘘不已，拿着相机不停地拍，似乎想把这美丽的景致全拍下来，以致天色向晚犹不自知。

下山后，她才发现，原本热闹的景区早已经少有游人了，而自己原本要搭乘的那辆班车也已离开了。她在山下，抱着相机长吁短叹，愁眉不展。从山下到自己临时租住的小旅馆，有近5公里的路程，步行回去至少要走一个小时，更何况从早晨到现在，她已经在山上耽搁了整整一天，体力早已耗尽，哪还有力气走回去呢？

她坐在路旁，开始生自己的气，恨不得抽自己一巴掌。

正想着，一个卖山珍的老人收好摊子，回头问她："姑娘，天都黑了，怎么还不回去，在等人啊？"

她气呼呼地说："没车了，怎么走？"

老人说："没车了，就走回去，生气有用吗？"

她说："走不动了，我在气自己糊涂。"

老人乐了："就这事也值得你生气啊？我问你，你上山干什么来了？"

她说："旅游、看风景、娱乐心情啊。"

老人说："这就对了。既然是旅游，怎么旅都是旅，坐车和走路有什么不同？既然旅行是为了快乐，为了愉悦心情，你又何必和自己生气，自己和自己过不去呢？"

她恍然大悟地点点头，然后迈开大步，向自己租住的小旅馆走去。尽管山里的夜黑漆漆的，可那是她第一次在山里走夜路，不一样的经历又有了不一样的感觉。

回到旅馆的时间比原来设想的提前了一刻钟。洗漱完，她躺在旅馆的小

175

床上,透着窗户,看着窗外的弯月,内心有一种从没有过的安宁。

每个人的生活中都会有一些不如意的事情,而这些不如意的事情带给人的影响又各不相同。有些人可能会因此郁郁寡欢,也有些人会从中发现快乐。其实,上帝对每个人都是公平的,只是每个人在面对烦恼时,考虑问题的角度不同罢了。凡事只有多往好的方面想一想,心中才会有豁然开朗的感觉,眼前也才会出现"柳暗花明又一村"的景象。

## 2.爱情的堤坝一旦决口,聪明女人就要学习放手

女人的一生,难免会遭遇不幸和痛苦,但无论是痛苦还是快乐,成功还是失败,都会随着时间的流逝而成为过去。所以,女人不必沉湎于过去的挫折和苦难,也不必为一时的成功沾沾自喜,所有的一切都将过去,不管是美好的,还是痛苦的,都会成为回忆。

如果你将这些过去背负着,那它必将阻碍你前行的步伐,成为你幸福人生的羁绊。因此,忘掉曾经刻骨铭心的伤痛,忘掉曾经难以承受的苦难,忘掉自己曾经的辉煌。只有忘掉过去,你才能拥有幸福的生活。

一天晚上,白涵梅和高松在吃饭,红酒炖鸡冒着腾腾热气,油焖大虾闪着莹亮的光。这顿白涵梅精心准备的晚饭,高松只是浅尝辄止,他一直在抽烟,眉头深锁,面沉似水。

当白涵梅把一勺汤往高松的碗里盛的时候,高松终于忍不住了。他伸手去挡,白涵梅避之不及,一勺热汤"哗"地全倒在了高松的手上。白涵梅惊叫

一声，整个人从椅子上弹了起来，随手扯起自己的衣襟，就去擦高松手上的汤汁。

高松皱眉，他推开白涵梅，突然说："我们离婚吧。"

白涵梅好像没有听到高松的话，她转身去卫生间拿了一条湿毛巾，为高松擦拭溅到身上的汁液，说："你一会儿把这衣服脱了，我洗洗。新买的洗洁精去污力挺好的……"

高松再次推开白涵梅，说："你有什么条件尽管提，我都依你。我们确实没办法在一起了。她，她怀孕了。"

白涵梅突然扬手，"啪"地把毛巾掷到高松身上，歇斯底里地喊道："我偏不离，耗也要耗死你！"她手臂一扫，桌上的杯碗茶碟噼里啪啦碎了一地。

白涵梅知道高松有外遇，半年前就开始了。高松不断地晚归，手机里的暧昧短信，以及他飘忽躲闪的目光——再傻的女人也看得出来高松有情况。但是白涵梅不说，她像沙漠里的鸵鸟，把头钻进沙堆里，一如既往地体贴照顾高松，甚至比从前更细致更温柔。如此的隐忍，只因为她爱高松，不想失去高松。

白涵梅甚至私底下找那女孩儿谈过，软硬兼施，希望女孩儿能主动退让。女孩儿趾高气昂地轻蔑一笑，回道："有本事你就让高松别来找我！"

白涵梅不同意离婚，高松就从家里搬了出去。临走时，高松把家里的钥匙放在茶几上。白涵梅背对着高松抱臂而立，钥匙跌落在玻璃茶几上的清脆响声，伴着高松渐去渐远的脚步声，让她的心止不住地抽搐、疼痛。

白涵梅还是不想就此放弃，她知道高松的胃怕寒，就熬了江米红枣粥，一路坐公交车给高松送过去。像个恋爱中的小女生一样，抱着保温饭盒在高松的单位门口等他下班。

高松并没有被感动，只是冷淡地说："我不喜欢吃红枣。"

白涵梅争辩道："你以前不是最爱喝红枣粥吗？"

高松说从前喜欢，但现在胃口变了。

这样的纠缠，整整持续了一年，白涵梅身心俱疲。

177

那天晚上，白涵梅惯例地失眠，一直到凌晨三点还没有睡着。忽然听到阳台上有响动，接着就是"扑通"一声，轻微的脚步声从阳台移到了客厅。她的心一下子就缩了起来，显然，有贼进来了。

白涵梅张嘴想喊，却又立刻用手捂住嘴巴———夜很静，墙壁的隔音也好，白涵梅的喊声不仅不能引来救援，可能还会带来更大的麻烦。报警吗？警察最快也要十分钟才能到，若是被贼知道这里是个独身女子，后果同样不堪设想。

情急之中，白涵梅抬手把床头柜上的台灯推落在地，"哗啦"一声巨响，然后是长久的沉寂。少顷，脚步声重新移回阳台，再无声息。

警察来的时候，白涵梅抱着双膝，浑身打颤，在床上蜷缩成一团，脸上满是泪水地给高松发短信，说："家里进贼了，我怕。你能不能回来，陪我一会儿？我想你……"

白涵梅如发了疯一般，将一条条短信重复发送出去，却始终没有得到任何回应。每发出一条短信，白涵梅都觉得自己的心被撕扯一次。直到最后，白涵梅摔了手机，泪流满面。

第二天，白涵梅打电话给高松，问："昨晚的事你知道吧？"高松说知道。沉默了一会儿，高松又说："你怎么不报警？回头你给窗户装上防盗网吧……"

白涵梅打断了高松的话，说："今天下午，去离婚。"

说出这句话的时候，白涵梅的心里，竟是无比的轻松。她想，是那个贼，是那些没有回应的短信，击退了她心中最后的一点留恋。

是的，当他不再爱你了，他的心便也不再是接受你感应的磁场，你的恐惧，你的惊慌，你的无助，你所有的努力，对他都不再产生反应。

两个人，无论谁先撤离，都是爱情的堤坝决了口，再丰盈的感情，也会从这小小的缺口中毫不留情地奔涌而去。而为什么女人，总是习惯在河床彻底干涸后，才能放下呢？人的一生很短暂，生活中有各种各样我们想不到的事情,这些事情本身并不可怕,可怕的是我们无法从这些事情所造成的影响中抽身出来,尽早以最新、最好的状态去投入接下来的事情。哪怕我们身无分文,我们也可以从身无分文起步,一点一点地打拼。

不论什么时候,女人都应该相信一点:磨砺到了,幸福也就来了。

## 3.抱怨不是聊天的工具,在适当的时候闭嘴

"真讨厌,今天又堵车了,能不能每天不这么烦人。"可能你早上到公司的时候也会这样和同事抱怨,然后你会发现自己一整天都在对这件事情耿耿于怀。现实中存在不少这样的人,他们把抱怨当成是聊天的一个内容,而不会寻找其他的话题。即使没有特别的事情发生,人们可以抱怨的事情依旧五花八门:天气、交通状况、商场里拥挤的人群、银行里的长队、待遇太少、疾病的困扰、子女的问题,等等。

大多数人都会觉得抱怨是很好的发泄工具,在受到挫折或面临困难的时候抱怨一下,可以适当地放松自己的心情,然而他们往往忽略了这种情绪对自己的严重影响。

爱抱怨的人,可能很难发现,其实很多抱怨都是他们自己一手造成的。你的工作没做好,上司自然会找你麻烦;你不注意减肥,当然没有适合你的衣服;你不看天气预报,被雨淋了又能怪谁?所以,当你试图抱怨的时候,不防先从自己身上找找原因。否则,一旦你养成了抱怨的习惯,就会把自己的问题隐瞒起来,最终的结果可能是,你成为问题重重的员工,上司只能痛下决心辞退你;你会失去那些本来喜欢你的朋友,因为你的抱怨让他们感到心烦;你的家人会感到失望,因为你让他们遭受了太多的不愉快。这会形成恶

179

性循环,你的抱怨更加严重,你的心境会变得更加糟糕!

如果一个人把抱怨当成习惯,就会失去与别人交流的能力。你有没有这种经历?在你心情很好的时候碰到一个家伙,这个家伙上来就说天气有多么糟糕,他的生活多么黯然无光,此时你的大脑会随着他的语言思考,结果你脑中的画面就真的出现了一幅幅不愉快的画面,你的心情也因此变得非常压抑。下一次,你会尽量避开与这个家伙交流。

玉茹,今年快四十岁。研究所毕业后,就顺利考取公务员资格,转眼间在这个单位工作已经十多年了,却每次都与升迁的机会擦身而过。这些她都还能够忍受,最令她感到难过的是,单位里的人似乎在有意无意地孤立她。

玉茹认为自己人际关系不好的原因有两个,一是自己比身边多数人来得聪明些,因此容易遭到嫉妒;二是自己"有话就说"的个性太容易得罪人。

单位里面原本还有些人跟她交情不错,空闲的时候会找她聊聊天,或放假时约她一起逛街。但是一段时间后,这些人也逐渐离她远去了,因为他们发现自己好像变成了玉茹的"情绪保险箱",每次谈话的主题都会被玉茹主导为对某一位同事的不满与批评。

更令对方感到压抑的是,玉茹总会在抱怨完毕后,以双方"友谊"为筹码,要求对方不得向任何人透露当天谈话的内容。但是几乎毫无例外,每隔一段时间,办公室里总会传出玉茹控诉某位同仁如何背叛她的消息。

可想而知,玉茹在办公室里的"友谊"愈来愈稀薄,她总是盼望赶快有新的同事来报到,衷心期待或许有一天,自己终于能够遇到一个值得信任的朋友。

普通人都有一个共同的毛病,就是肚子里搁不住抱怨,有一点点喜怒哀乐之事,就总想找个人谈谈;更有甚者,不分时间、对象、场合,见什么人都把抱怨往外掏,从而使自己的心情很差,别人的心情也变得很差。所以,女人若爱自己,就要从抱怨中解脱出来,每天给自己一份好心情。

　　王楠是个很喜欢抱怨的女人，在办公室里你随时都可以听到她的抱怨。和她相处久了的人，都会发现她做事急躁，遇到困难的事情只会逃避的毛病。

　　一次，王楠在公司抱怨自己工作累，而且工资不高的时候，恰好她们的部门经理经过，于是他把王楠叫到了办公室。经理看着有点不知所措的王楠，慢慢说道："这里的工作就那么让你不开心吗？"

　　"没有。"王楠小声回道。

　　"公司给你的酬劳就那么让你不满意吗？"经理似乎没有听到王楠的回答，继续问道。

　　"经理，没有。"王楠这次真的怕了。

　　"既然你对公司的评价这么不好，你下午去财务那里把工资结了，另谋高就吧。"经理说完，也不等王楠解释，就离开了办公室。而王楠也不得不下午领了工资，离开了这家公司。

　　心理学家说："人若有抱怨，应该说出来，才不会在心内郁积，憋出病来。"这个说法基本没错，但说可以，却不能"随便"说。生活中，哀伤、郁闷、不满是每个女人都会有的情绪。如果女人一味地去抱怨那些让人烦恼的事情，那么她永远都不会有一个积极的心态去对待生活。抱怨的事情越多，就会越觉得痛苦，从而也会对生活失去希望。抱怨就像乌云一样，女人若一直沉浸在其中，就只会让自己沦陷在痛苦的沼泽里不能自拔。

## 4.女人如水，更要学会水一样的包容

人和人之间对事物的理解总会有些不同，所以我们在生活里一定会遇到不同意见。如果不能宽容地对待别人的异议，我们将寸步难行。相反，如果能够相互尊重、相互包容、求同存异、真诚相对，那么我们也就能拥有良好的人际关系了。

我们不能要求世事都如己所愿，更不能强求所有人的观点都和自己一样。人的差异性不可避免，所以我们要尽量做到求同存异，即相互之间在寻找相同地方的同时，尊重客观存在的差异性，从而实现彼此的合作。

要做到求同存异，相互之间的宽容是最基本的要求。

有个女人非常不善于和人打交道，经常与别人发生口角。后来，她向一位大师请教："我总是容易和别人发生矛盾，因为他们总是拿出一些我不能接受的意见，您说我该怎么办？"

大师想了一会儿，说："你说水是什么形状的？"

女人见大师"词不达意"，茫然地摇头说："水哪有形状呢？"

大师笑着说："我把水倒进一只杯子，水难道还没有形状吗？"

女人似乎有所悟，说："我知道了，水的形状像杯子。"

大师又说："可我如果把水倒进花瓶呢？"

女人很快又说："哦，这水的形状像花瓶。"

大师摇头，又把水倒入一个装满泥土的盆中。水很快就渗入土中，消失不见了。女人于是陷入了沉思。

这时，大师感慨地说："看，水就这么消逝了，这就是人的一生。"

女人沉默良久，忽然站起来，高兴地说："我知道了，您是想通过水告诉

我，我们身边的人就是不同的容器，想与他们相处得好，我就要把自己变成可以倒入各种容器中的水。是不是这个道理？"

大师微笑着说："你现在已经有所得，但还不完全正确。"

看着重新陷入迷思的女人，大师接着说："水井里的水，河里的水，海里的水，他们虽然有不同的形态，可是他们却都是水。"

女人恍然大悟道："人其实也应该像这水一样，能够顺应和包容外界的变化，但是却永远都不改自己的本色。"

大师笑着点了点头。

大师通过水，点化了一个原本没有容人之量的人。我们也同样可以从中受到启发，对于那些生活中的不同意见，我们应该像水一样去包容、去改变。

水之所以能在不同的环境中存在，就是因为它"不较真"，它没有自己的形状，但是却也从来不改变自己的本质。道家非常推崇水的意义，他们说"水善利万物而不争"，其实就是在赞叹水的不争。

女人如水，更要学会水一样的包容心，它是一种仁爱的光芒、无尚的福分，是对别人的释怀，也是对自己的善待。水一样的女人，是一种生存的智慧、生活的艺术，是看透了社会人生以后所获得的那份从容、自信和超然。

## 5.相比粗俗的争吵，沉默着吃点小亏更显修养

人们常说，"吃亏是福"。可是，生活中还是有很多女人喜欢斤斤计较，任何事情都吃不得一点亏。如果让她们吃亏了，那么她们也一定会从其他地方把吃了的亏索取回来。一旦没有在其他地方占到便宜，那么她们就会对自己

的吃亏耿耿于怀。

现实中,也有很多女人为了显示自己很有实力,就把不可以吃亏,不可以受人欺负定为做人的头一条。于是,她们可以在菜市场和商贩为了几毛钱而大声争吵,可以在公交车上为了谁碰到谁而和对方争执不休,有一点工作上的不顺心就想着要离开公司,不行就改行做其他的。这样的女人心里的小闹钟也在时刻提醒自己:不能吃一点亏!

于凌是一家水果店的老板,生意很小,每天的收入也刚刚好够养家糊口,所以,于凌把每一斤每一两都看得很重。

顾客来买水果,不舍得让顾客品尝也就算了,每次一毛两毛也舍不得让给顾客。当其他家的水果都有所降价时,她家的水果价钱却依然那么高。一般情况下,她家水果的价钱永远会比其他家的高,而不会比其他家的低。时间久了,大家都知道于凌家的水果贵,而且老板还抠门。于是,去她家买水果的人越来越少了。由于水果长时间卖不出去,而长期存放又会坏掉,于凌不得不自己吃掉。

没过多久,水果的本钱收不回来,水果店没法开下去,于凌只好关门大吉了。

生活中,一个不懂得吃亏的老板,那么她的生意永远不可能有太大的收获,甚至还会把自己的生意关在门外。不懂得忍让,不懂得适时吃亏,这样的女人时间长了也会让人觉得了无情趣。当女人为了不让自己吃亏而与别人争辩的时候,也会让人感觉到她的粗俗。所以,女人在必要的时候要学会吃亏。

洁玉是个懂得自我控制的女人,无论什么时候,别人都无法看到她心情不好,而她发脾气的次数也屈指可数。

一天,同事叶娜把洁玉新买来的包包碰到了地上,原来表面光滑的包,却因为掉在椅子腿上而留下一道很丑的疤痕。高傲的叶娜对于这件事情也没有道歉，连包也是洁玉自己捡起来的。很多同事都认为洁玉会和叶娜吵起来，但是让大家没想到的是，洁玉捡了自己的包后，便一声不吭地干起了自己的工作。

当时，很多同事都说洁玉窝囊，也为洁玉打抱不平。可洁玉只是笑着说："有什么关系呢？再好的包也有坏的一天，只不过我的包提前坏了而已。"这样的精神很是让同事们佩服。

所以，无论是在人情还是心情上，学会吃亏的女人，都会在看似吃亏的过程中得到补偿。

但现实生活中，很多女人明白"吃亏是福"这个道理，可真正做起来的时候，就有很多理由来搪塞自己。"她那样贬低我，还不让我发泄一下吗？"或者是"如果我再沉默下去，我就是傻子了。"等等。

来做个测试，看看你是个肯吃亏的女人吗？

你到一家知名的瘦身中心，打算做一次全身的减肥计划。你觉得替你做专人服务的小姐，应该属于哪一种类型？

A.甜美型

B.气质型

C.美艳型

答案：

A.甜美型：计较指数90分。

你表面看起来很随和，其实内心却很在意小地方，称得上是一个心胸狭窄的人。或许有时你是因为看不惯一些不平之事，而直接表达出心中的不满，让旁人觉得你有很多理由，但你内心深处却是一个实实在在爱计较的人。

B.气质型：计较指数20分。

你的作风十分海派，出手也很大方，所以人际关系不错。你觉得吃亏就是占便宜，争权夺利或一味强求的事，你是做不出来的。大家都知道你是一个好人，不会记仇，也不会嫉妒别人，很容易满足。

C.美艳型：计较指数60分。

你给别人的第一印象是很精明能干，能轻易搞定每件事，但那只是你的外在个性。由于你希望努力将事情做到完美，所以会显得斤斤计较、要求很多，但私底下的你，却是个别人说什么都可以的人，差异很大，有时会让人很不能适应。

## 6.略施小计经营爱情，聪明女人不会完全 "跟着感觉走"

感情生活需要经营，不能完全跟着感觉走。一个不会经营感情的女人很容易受到伤害，一个不懂得搭配"甜酸苦辣"的女人很容易受到欺负，唯有那些懂得驾驭男人的女人才能活得潇洒，过得幸福。

男人喜欢猎奇，喜欢刺激，同时又很容易厌旧。如果你一天到晚都是一种面孔，一种风格，一种打扮，就很容易让男人失去激情，不管你多么优秀，时间久了，都容易让男人腻烦。就像吃饭一样，再好的饭菜也不能天天吃，必须经常换样。

如果你让男人整天吃甜的，会腻；整天吃酸的，会厌；整天吃苦的，会累；整天吃辣的，会怕。所以你必须调配好这四样风味，搭配着来，在不同的时间展示不同的一面，成为集多种性格，多种特点于一身的综合型女人。这样，一个男人在体验到"甜酸苦辣"交替的风格之后，往往就会离不开你，被你掌控在手中，因为他知道了你的温柔，也知道了你的厉害。

### 让男人体验"甜"

每个女人在面对自己心爱的对象时，都会自然而然地展示出温柔的一面，这也是每个男人都非常渴望，都非常喜欢的感觉，因为柔情似水可以把一个坚强无比的男人融化掉，让他觉得拥有一个女人太幸福了。

但是，对一个男人好要有分寸，尤其是在恋爱阶段，千万不能过分好，否则就容易走向反面。尽管女人应该有好心，应该有善心，但是好心不应当是盲目的，更不能对很多人都好心，而是要有选择。要分清哪些人值得你去对他好，哪些人不值得你去对他好。如果一个男人对你真心地好，他给你三分，你可以给他五分，他给你七分，你可以给他十分。而如果一个男人对你并不是真心地好，那么，在这个时候，哪怕你已经喜欢上他，甚至有些爱他，也要咬紧牙关，该狠的时候就要狠。

### 让男人体验"酸"

一个女人不吃醋不行，但是太爱吃醋也不行，不吃醋表示无所谓，可有可无，太爱吃醋往往招人烦。女人偶尔吃点醋，男人会觉得你很喜欢他，不愿意让任何人分享，想独占这份感情，于是男人心里会觉得美滋滋的。如果太爱吃醋就会感到压力，因为不给他一点自由的空间，他会觉得你逼得太紧，让他喘不过气来，结果必然是渐行渐远。

作为女人一定要理解男人"好色"的本性，这是所有男人的"通病"，如果哪个男人在你面前不好色，要么是他伪装得很深，要么就是他心理上有毛病。女人千万不要自己欺骗自己，以为自己的男人与众不同，从来都不好色。

当你的男人欣赏别的漂亮女人时，你不要横眉冷对，而是尽量用理解的语言去引导他，用含蓄的语言去敲打他，让他觉得不好意思，觉得有点愧疚，这样他就会适当地自我约束，久而久之就不再对其他漂亮女人那么热衷了。

### 让男人体验"苦"

很多女孩遇到自己喜欢的男人往往容易沉不住气，很快就进入如胶似漆的状态，不管对方提出什么样的要求都尽力去满足。表面看来，男人应当

187

领情,应当感激,可事实偏偏不是这样。

首先,如果一个男人很容易得到一个女孩,他不会珍惜,这是人的本能,越容易得到的东西越不珍惜,越不容易得到的东西反而越珍惜。

其次,如果一个男人没有费什么力气就得到一个女孩,他会觉得这个女孩比较随便,甚至怀疑她可能对所有人都这样。

第三,太容易得手会让男人觉得索然无味,没有那种求之不得的感觉。

第四,男人没有付出,就不会看得那么重要,如果他费了很大的力气,付出了艰辛的努力,才总算得到了一样东西,他便会有一种满足感和征服感。所以该男人苦的时候就要让他苦,这样才有苦尽甘来的愉悦感。

**让男人体验"辣"**

两个人如果不经常在一起,激情可以维持很长时间,因为偶尔见一次面,还来不及亲热就又分开了,很多矛盾会被掩盖。如果整天生活在一起,激情就不会维持太久,顶多一两年的时间。

婚姻最好是建立在冷静状态下的理智决策,而不是热恋状态时的感性决策。爱情在开始的时候都是充满激情和冲动的,也是诗情画意的,但当激情逐渐消退的时候,大家必然会回到现实生活中来,这时候才能考验出一份感情的真伪。

很多人在拥有激情的时候,会觉得对方就是自己梦寐以求的另一半,会把对方的优点夸大,缺点缩小,把很多潜在的问题视而不见,甚至自己说服自己没什么,以为对方将来为了自己一定会改,一切都会朝着好的方向去发展,这是很正常的思维逻辑,所以才会有那句俗话:"情人眼里出西施。"但是事实往往并非如此。因为一个人的性格与本质是很难改变的,即使为了讨好某一个人而暂时地压抑自己,但是时间久了,很多问题必然暴露出来。所以不要指望某个男人会为了你会改变很多。

# 7.在婚姻中装装傻，幸福就会像花儿一样

在婚姻中学会装傻的女人，是聪明的女人，这也是一种婚姻技巧。现实中那些恩爱夫妻的秘诀就是：在公开场合给男人最大的面子。男人是最爱面子的，给足男人面子，男人就会感激女人，会加倍对女人好。有些女人得不到婚姻的幸福与美满，往往就是因为她把一切看得太透、太懂、太精明，把一切都复杂化，必然得不到幸福。

一位有相当相貌和地位的女士，先后谈了无数的男友，至今仍是孑然一身。当男朋友向她许诺"房子很快就解决了"时，她会深入男友单位调查，并批驳说："分房子根本就没能考虑你！"当男友向她许诺"很有可能要提升"时，她又会进入男友办公室查证，批驳说："你根本别抱幻想。"于是，她的男友像走马灯似的换了一个又一个。因此，过了不惑之年的她也没有结婚。

会装傻的女人，是睿智的一种表现。婚姻生活本来就是复杂、繁琐的，谁对谁错并没有一定的标准。如果太较真，只会使婚姻产生裂缝，而随着日子的流逝，缝隙会越来越大，婚姻也就走到了边缘，等到无法弥补时，后悔已晚矣。

有一对无论从外表和家境来看都非常匹配的夫妻，他们十分恩爱。但天有不测风云，一天，妻子回家时无意中撞见了丈夫的奸情，而对象则是她的一个女下属。站在自家的门口，女人毅然掏出手机给丈夫打电话，告诉他，自己的文件落在家里了，请该下属去家里拿，自己就在门口等她。

或许大部分女人会毫不犹豫地冲进屋内，当面戳穿他们的奸情，然后大吵大闹一场，申明自己的委屈。但这样一来，势必会掀起一场轩然大波，不但

会激怒那个女下属，还会使自己的丈夫更加难堪。但这个聪明的女人依然相信丈夫深爱着自己，于是她这时的糊涂，既保全了丈夫的面子，又给了女下属一个台阶下。

有人问著名作家："你这么聪明，怎么还处理不好婚姻问题？"作家坚定地回答道："婚姻不需要明白，人处在明白的状态，若没有大智慧，驾驭不了自己，婚姻肯定会失败。婚姻需要大智若愚，而不仅仅是聪明。我最大的毛病就是活得太聪明、太透彻，聪明反而成了我婚姻不幸的源泉。"

的确，婚姻不需要太多的聪明和明白，婚姻需要糊涂，需要装糊涂。中国有句老话："水至清则无鱼，人至察则无友。"在婚姻中，夫妻双方也是如此。夫妻双方应力求和睦、默契，相互需要、接纳和欣赏对方；尊重对方的个性、习惯、兴趣，不要强制对方按自己的意愿去做出什么改变，并要学会无条件地接受对方的缺点和弱点，容忍对方的不足和错误。作为夫妻，应遵循"求和不求同"的原则。在婚姻中，要保留一份"难得糊涂"，学会留一半清醒，留一半醉，在半梦半醒之间，保持"雾里看花"，如此，才能使自己的婚姻更长久。

就算天生有一双火眼金睛，能够世事洞明，聪明的女人也会留一份朦胧，给对方一份尊重。老公就像女人手中的风筝，松一松手中的线，他就会飞得更高、更远。而如何把握线的松紧程度，就要靠女人的聪明智慧了。如果不想放弃婚姻，那就不要放弃手中的风筝线。

婚姻中的另一方，是你最深爱的人，没有必要逼迫他太紧，小到袜子、领带的颜色，双休日和谁在一起，大到公司的人事安排，事无巨细。虽然这些都在你的管制范围内，但时间一久，对方可能就会觉得，他好像生活在高压氧舱里，心里的压力可想而知。

有时老公撒了谎，大可不必刻意去揭穿他，更不要和他歇斯底里地怒吼，就算你眼光锐利、洞悉一切，你仍然可以傻傻地笑着说："我只是担心你。"其言外之意就是："我知道，但我不打算计较。"特别是有第三者在场时，维护他在客人面前"高大光辉"的形象，给他留足了面子，他一定会心存感激的。如此就会把你当成同盟，当成分享秘密的另一方，对你来说，这种唾手可得的甜蜜和幸福，何必推辞掉呢？

在婚姻中，聪明的女人三分流水二分尘，她不会把所有的事都追究个一清二楚。只要把握好婚姻生活的大方向，不偏离正常的轨道，不偏离道德的航线，在婚姻中装装傻，那么幸福就会像花儿一样。

请学会三招"装傻"秘籍，让他更迷恋你的成熟懂事与迷糊可爱。

### (1)让他知道自己的重要性

如果你是恋情主导人，在爱情生活中占据上风，那么首先可以确定的一点是，他必定很爱你，愿意包容和接受所有的你。

恃宠而骄的错误做法只会一次次挑战他的耐心底线，聪明的做法是适时地让他知道，他在你心中的地位同样很重要。犯些小错误请他帮忙解决，把自己工作、生活上的问题向他倾诉，并认真考虑他给出的意见。

让他认识到自己的存在对你来说至关重要，时不时向他撒娇卖萌也是维持女性魅力的有效手段。别让恋爱角色转换，记住，你是需要他来保护的人，而不是为他做主的人，这样的恋爱关系才能稳定长久。

### (2)换位思考

要记住，作为拥有恋爱主导权的你，也要反过来考虑对方的感受。提高爱情品质的关键就在于，双方在其中均能找到归属感和参与感。和女人一样，其实男人也需要来自你和爱情的双重认可，这样他才有无限动力激情，继续发光发热，贡献能量。所以，懂得换位思考，想他所想，体贴理解永远是征服男人的最佳攻心计。

### (3)控制情绪

胡闹其实是一种信赖。你心里清楚，再怎样发脾气他也不会走开，潜意识里认为他总能包容你的小脾气。可时间一久，女人们的变本加厉最终会让男人疲惫厌倦。耍赖可以，但要记得量力而为，把握好他的心理承受能力和尺度领域，在他可接受范围内争取更多，在他不可让步的领域内审时度势，权衡轻重，控制好自己的不良情绪，学会自我调节才能妥善调节爱情生活走向。

## 8.远离优柔寡断，女人输什么别输给时间

对于很多女人来说，犹豫不决、优柔寡断是一个最大的仇敌，在它还没有伤害到你、破坏你的力量、限制你一生的机会之前，你就要先把它置于死地，培养一种胆大心细、雷厉风行的行事风格。

斯万夫人是一位品德高尚、令人尊敬的女士。然而，凡是认识她、了解她的人，都知道她有个致命的弱点——犹豫不决。

斯万夫人如果要买一件东西，她一定事先把全城出售这件东西的店铺都跑遍，她走进一个商店，便从这个柜台跑到那个柜台，从柜台上拿起要买的货物，更要仔仔细细地打量，她看到这个颜色有些不同，那个式样有些差异，也不知道究竟买哪一种好。结果，常常一样也不买，空手而归。

有时，即使斯万夫人买下某样东西，她心中也老是嘀咕，所买的东西是否真的不错？是否要带回去问一问他人的意见，不合适再到店中调换？结果，她不管买什么东西，总要调换两三次，而且内心还是感到不满意。

在这个世界上，像斯万夫人这样犹豫不决的人，还有很多。这些人对自己能否成功总是抱着怀疑的态度，在人生旅途中，她们总拒绝做出任何决定，即使是对待极为微小的事情，也仍是如此。即便有事情逼着她们去作决定，她们也会像斯万夫人那样，一定要与别人商量，倾听别人的意见，从不让决定取决于自己的判断力和智慧。

之所以如此，是因为犹豫的人总希望做出正确的选择，却又被每一个选择带来的负面结果蒙蔽了眼睛，根本不知道自己想要什么，不知道事情的结果会怎样。面对重大选择时，他们会一再拖延，直到到了来不及的地步。他们

唯恐今天决断了的一件事情，明天就会有更好的发现，以至于自己可能会对第一个决断产生懊恼。

不要再等待、再犹豫，更不要等到明天，今天就应该开始，逼迫自己训练遇事果断决定的能力，对任何事情切勿犹豫不决。

元代陶宗仪写了本名叫《南村辍耕录》的书，书里有个"寒号虫"的故事，讲的是"五台山有鸟，名寒号虫。四足，肉翅，不能飞，其粪即五灵脂。当盛暑时，文采绚烂，乃自鸣曰：凤凰不如我。比至深冬严寒之际，毛羽脱落，索然如彀雏。遂自鸣曰：得过且过。"

这个小故事后来被改编成了一篇名叫《寒号鸟》的小学课文，我们每一个人都曾经学习过。文章的大意是：寒号鸟的邻居喜鹊好心劝寒号鸟趁天气暖和赶紧筑窝，寒号鸟却总推辞道："天气这么好，正好睡觉。"当晚上寒风吹来，寒号鸟又冻得直后悔："哆罗罗，哆罗罗，寒风冻死我，明天就垒窝。"最后，寒号鸟没能顶过寒冬，被活活冻死，比《南村辍耕录》中的原版故事还要凄惨。

寒号鸟是不是像极了拖延成性的人？他们总是认为自己的时间还很多，经得起折腾，可以无限制地拖延下去。"明天开始"是寒号鸟的口头禅。寒号鸟害怕失败，害怕被别人评判，所以极端自卑或自负，自比凤凰更是家常便饭。完美主义流淌在寒号鸟的血液里，寒号鸟信奉"要么不做，要么第一"的做事原则，它期待一步登天，鸟瞰全局，然而做起事来却常常一曝十寒。事后寒号鸟总是充满悔意，并狠狠地责备和惩罚自己，可是一而再，再而三的挫折让寒号鸟最终不得不承认自己"肉翅，不能飞"的现实。最后，寒号鸟沦为了"得过且过"之辈，在寒冬里不时发出抱怨的哀号。

回忆一下你的生活：

星期一早晨，你又为起床感到费劲，你觉得这对你来说太困难了；

你的洗衣机里已经塞不下你的脏衣服了；

193

你明知道自己染上了一些恶习，例如抽烟、喝酒，而又不愿改掉，你常常跟自己说："我要是愿意的话，肯定可以戒掉。"

老板布置的工作，你觉得今天太疲劳了，可能做不完，不如明天早上来了再做，那时可能精神更好；

你想做点体力活，如打扫房间、清理门窗、修剪草坪，等等，可是你却迟迟没有行动，你总有各种各样的原因不去做，诸如工作繁忙、身体很累、要看电视；

你希望能一辈子住在一个地方，不愿意搬走，因为新的环境会让你头疼；

你总是制定健身计划，可从不付诸行动；

你答应要带你的宝贝去公园玩，可是一个月过去了，由于各种原因，你还是没有履行诺言，你的孩子对你失望至极；

你很羡慕朋友们去海边旅行，你自己也有能力去，但总是因为这样那样的借口而一拖再拖；

……

喜欢拖延的人总把"或许"、"希望"、"但愿"作为心理支撑的系统。而所谓的"希望"、"但愿"，在成功者眼中简直就是童话故事，浪费时间的借口俯拾即是。无论你如何"希望"或是"但愿"，很显然，你只不过是在为自己的拖延寻找借口罢了。我们常常会听你说："我希望问题会得到解决。""但愿情况会好一些。""或许明天会比较顺利。"

可事实呢，情况会有所好转么？你依旧是给自己找逃避痛苦的借口罢了。不要再煞费苦心地寻找拖延的借口了，要知道，生命对于我们而言总是有限的。

鲁迅说过："浪费别人的时间等于谋财害命，浪费自己的时间等于慢性自杀。"

有人把人生比做列车，与生活中列车不同的是，它没有返回的可能。时间也一样，如果把时间比做蜡烛，那么走过的时间就是燃掉的烛火，难以回头再燃一次，这就是时间的特性。那么，你所能做的是什么呢？肯定不是拖延时间，浪费自己宝贵的生命吧。

当一个人从哇哇坠地的那一刻起，他生命的时钟便已敲响，以后的每一分每一秒都将记录着生命的历程。著名科学家富兰克林说过："你热爱生命吗？那么别浪费时间，因为时间是组成生命的材料。"任何知识都要在时间当中获得，任何工作都要在时间中进行，任何才智都要在时间中显现，任何财富都要在时间中创造。珍惜时间就是在珍惜生命，只有这样，你的生命长河才会散发出光芒。

时间对于不同的人而言，意味着不同的结果。对商人来说，时间意味着金钱；对科学家来说，时间意味着知识与探索；对农民来说，时间意味着丰收；对于我们个人来说，时间意味着成功与希望。

两次获得诺贝尔奖的居里夫人，从小就养成了珍惜时间的习惯。在她的青年时期，为了不让煮饭占去学习时间，她经常吃面包，喝冷开水。著名的数学家华罗庚，为了珍惜时间，童年时一边当学徒，一边抓紧时间自学数学，终于成为名闻中外的大数学家。还有大家熟知的张海迪，身残志坚，即使躺在病床上，也要坚持完成每天的学习任务，以顽强的毅力自学成才，获得哲学硕士学位，翻译并创作了不少文学作品。

古今中外，像他们这样珍惜时间、珍惜生命的名人还有很多。因为他们知道，当时间与生命紧密相连的时候，时间的价值是无法估量的。珍惜生命的每一分每一秒，去学习，去创造，去攀登，让有限的生命发挥出无限的价值。

莎士比亚说过："时间的无声的脚步，是不会因为我们有许多事情要处理而稍停片刻的。"

两千多年前，孔夫子也曾望"河"兴叹："逝者如斯夫，不舍昼夜。"时间在你洗手的时候，从水盆里过去；在你吃饭的时候，从饭碗里过去；在你默默的时候，从你凝然的双眼前悄然流失。时间是无法蓄积的，当你伸出双手去遮挽时，它会从你遮挽着的手边过去，即使你为此叹息，它也会在你的叹息里闪过。

任何生命都有其消亡的一天，这是大自然的法则。一个人的生命从开始到停止，犹如茫茫宇宙的一颗一闪而过的流星，不管你是否去奋斗，也不管你创造价值的大小，它都不会因此而改变。

女人，请记得，生命的本真在于同时间作斗争。别总是在抱怨不公中度过那仅剩的有限日子，在日复一日的拖延中浪费掉宝贵的生命！

# 9.学会把嫉妒转化为进取的动力

女人多少都有点嫉妒心，总是容易心怀不满，动辄生气。然而生气，不仅起不到任何作用，而且还显得自己气量狭小。因此，与其干坐着生气，倒不如好好争口气。

每个女人都应该是自己人生的建造者。既然生活是自己创造的，心情是自己营造的，就用不着为那些不着边际的琐碎小事生气。

如果你觉得别人比你好，比你出色，你就加把劲赶上去，力争上游。有意识地提高自己的思想认识水平，正是消除和化解嫉妒心理的直接对策。对于比你强大和能干的人，你不仅要有单纯的羡慕和崇拜，更应该抱持一种"我一定会比你强，我一定能超过你"的想法。有了积极正面的思考方式，然后才会带来奋发向上的实际行动。争取做到"后来者居上"，你才能活出生命的色彩。

张野和王楠是某名牌大学心理学系的女研究生，平时关系不错，做什么事都喜欢在一起，堪称该系的一对姐妹花。两人的成绩不相上下，而且都长得很漂亮，因此，两个人常常暗中较劲儿。到了第三年的时候，两个人都参加了托福和GRE考试。王楠考试时发挥出色，成绩很不错，遂向美国一所著名大学提出申请，不久就被告知每年可获得近两万美元的奖学金。

王楠高兴万分，等着校方的正式录取通知。张野考砸了，看到王楠整天兴高采烈的模样，心中更加不快，她越想越生气，就生出一条毒计。

王楠望眼欲穿，却迟迟等不到校方的正式通知，就托在美国的同学去该校询问原因。校方说，他们曾经收到王楠发来的一份邮件，表示拒绝来该校，因此校方只好将名额转给别人。王楠得到消息，如五雷轰顶，无论如何都想不通这到底是怎么回事。

后来，王楠多方调查，才发现是张野盗用了她的邮箱，在机房偷偷地给该校发了一封拒绝函。王楠怀着愤怒的心情，将张野告上了法庭。

古希腊哲学家说："嫉妒是对别人幸运的一种烦恼。"女性由于虚荣心比较强，往往很容易产生嫉妒心理。同时，嫉妒也是女性与生俱来的致命恶习，如果一个女人总是觉得别人的日子过得比自己好，那么，她的生活肯定不会快乐，也更加谈不上幸福。

尽管嫉妒和羡慕只在一线之差，却有着天壤之别。嫉妒的人是在打击别人的过程中寻找快乐，以求得心理平衡，而他们自己的生活却因此被搞得一团糟。

学会熔炼嫉妒，就是把本能的嫉妒转化为进取的动力，把不平静的心态归于平静，把蔑视别人的目光转到自己的短处上，这样嫉妒就会变成一种催人奋发的动力。其实我们大可不必嫉妒他人，俗话说："尺有所短，寸有所长。"每个人都会有长处和短处，我们为什么要用自己的短处与别人的长处比，从而自寻烦恼呢？相反，我们可以把嫉妒化成动力，用自己的努力去缩短与别人的差距，甚至超越他人，让别人对我们羡慕。

第一，和比自己优秀的人在一起，我们就会嫉妒别人，容不得自己不如别人，别人行，自己一定也要行。于是，我们会想方设法超过别人，这样就将

197

嫉妒之心转化成了好强的求胜之心，促使我们能够更快地成长并超越别人。

第二，结交一个优秀的人，比我们作的任何决定都来得重要。因为，借由他们的成功经验、成功模式，能使我们在非常短的时间内，产生非常大的效益。因为他们的失败经验会让我们知道，哪些是我们不能做的事情，不能犯的错误。他们会让我们走对方向，为我们省下非常多的时间。

我们应当认识到，有些事情是不取决于人自身的。如一个人的出身、相貌，这些都不是我们想改变就能改变的，因此我们没有理由去嫉妒别人。我们要挖掘己不如人的根源，要弄明白别人到底为什么比自己强。也许，他取得的成绩是努力拼搏的结果，而我们自己是不是做得还很不够呢？如果是，我们应当提醒自己加倍努力。

"山不厌高，海不厌深"，"山不辞石，故能成其高；海不辞水，故能成其大；君不辞人，故能成其众"，"合抱之木，始于毫末；千里之行，始于足下"。既然已经知道自己的弱处，已经看到自己与别人的差距，就不该将精力再浪费在嫉妒别人之上，而应该知耻而后勇，化嫉妒为拼搏的动力，注意点滴的积累，从今天开始，从足下开始，不耻下问，不疲请教。"天外有天，人上有人"，茫茫人海总有人会有一面长于自己，此时我们不应嫉妒他人，做出毁灭、扼杀别人的行为，而应觉得不甘心，想要比别人强，积极地提高自身的价值与素养。"寇可往，我亦可往"，别人能做到，我也能做到，只有具备这样的思想，才能迎头赶上，进而后来居上。

嫉妒别人并不可怕，关键要看我们能不能正视嫉妒。如果能把嫉妒转化为成功的动力，时时鞭策自己，化消极为积极，那么嫉妒往往会使我们赶上，甚至超过别人。

第八章

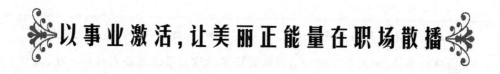

以事业激活，让美丽正能量在职场散播

# 1.大吵大闹或一味为自己辩解，只能越描越黑

有人的地方就有是非，尤其是职场，人多嘴杂，更是会滋生各种流言蜚语，有的人出于嫉妒，有的人想泄私恨，有的人想排挤别人。某公司对美国2429名员工进行了一项网上调查，结果显示，60%的人认为职场中的流言蜚语最让人无法容忍。相信国内上班族厌恶流言的程度决不比美国人差，然而职场上的流言却一天也没有停止过。

我们没有能力去制止留言，却可以选择不被流言蜚语影响。

杜丽莎是公司的中层管理人，前一天下午，她做了一件一直以来觉得十分为难的事情，她把手下的一名员工开除了。这名员工在公司任职一年，没有做出什么成绩，工作态度又不认真，迟到早退更是常事。上个月因为他的疏忽，杜丽莎丢掉了一个大客户。杜丽莎出于无奈，只能选择让他走人了。但令杜丽莎没想到的是，第二天，这名被她解雇的员工跑到了杜丽莎的上司家中，说杜丽莎曾经对他有过性暗示，被他拒绝，因此杜丽莎对他怀恨在心，便将他开除了。

杜丽莎听到以后非常气愤，公然在办公室打电话斥责那位被开除的同事，即便是老总找她谈话的时候，她也表现得非常激动。

虽然这只是那个员工为了泄私愤而撒的谎，但杜丽莎的愤怒让单位里原本不知情的人都开始关注这件事情，流言很快传开，有的同事甚至还添油加醋地说，杜丽莎在办公室时的穿着打扮也很性感，看起来就很风骚。

虽然老板相信杜丽莎的为人，但公司上下的流言让杜丽莎愤怒不已，她一心想揪住散播流言的人。为此，每次在卫生间或茶水间听到有人在议论此事，她就会立刻冲上去跟对方理论。这种吵闹的方式在公司造成更加负面的

影响，也让同事对她的印象大打折扣，就连老总也多次找她谈话，请她注意处理问题的方式。

杜丽莎只得在愤怒和委屈中辞职，从而逃避那些让她情绪崩溃的流言。

这种有相当破坏力的流言虽然未必真实，但是却会在公司高层心中播下质疑的种子。不要小看别有用心的人的智商，只要他想，哪怕只是一个小小的谣言，都可能将你打入万劫不复之地，轻易摧毁你多年来在事业上经营的一切。而且，很多人可能会觉得，在公司职位越高的人越容易得到保护，不会被流言击垮。事实恰好相反，因为你的地位越高，隐私就会越多地暴露在众人面前，也就更容易成为卑鄙小人的攻击目标。

如果你已经陷入了流言的是非之中，那么要记住一点，很多人都会根据你的反应来判断流言的真假——如果他们无法找到什么事实根据的话。所以，在面对恶毒的流言攻击时，千万不要企图用怒火去抑制流言，因为怒火只会起到火上浇油的作用。

韩真真是一个特别单纯的女孩子，就像她最爱钟爱的白色一样，纯洁无瑕。大大的眼睛，白净的小脸蛋上每天都挂着微笑。22岁，刚刚大学毕业的韩真真顺利进入了重庆市某商贸公司，成了一名文员。

没有任何工作和社会经验的韩真真，很希望尽快和大家打成一片。其实，公司的业务很多，大家整天都忙忙碌碌的。不过，韩真真很快发现，同事们有个坏习惯，那就是喜欢聚在一起聊些蜚短流长。

韩真真知道这样做不对，但也不便当面制止他们。很多时候，同事们在不断地说，她只是安静地坐在一边。前不久，同事们在讨论老总吃软饭，一切都要仰赖太太娘家的支持。同事们在那口若悬河，韩真真心底里却厌恶得不行。就在这个时候，老总出现了，只见他一脸怒气地走进了办公室。从此，老总再看到当时在场的几个人，都是一副冷峻的表情。

这无疑让韩真真刚刚开始的职场之路布满冰霜，她心焦不已。不过，她没有急于向老总解释,而是在闲暇时刻意和那些爱说是非的同事保持距离。比如午休,韩真真一个人虽然百无聊赖,但她宁愿趴在办公桌睡觉,也不再当"旁听"。

渐渐地,老总终于开始信任韩真真,不再对她冷眼相对。而那些同事却因再一次无中生有,超越了老总心理承受的极限。于是,老总在付给她们遣散费后,提前解除了合约。

"清者自清,浊者自浊。"暴跳如雷,大吵大闹或一味为自己辩解,只能越描越黑,给人留下一个浮躁的印象。保持冷静最重要的是要坚定自己的价值观,将别人的思想、看法和行为与自我价值分开。既然自己在经过深思熟虑后,认为这是正确的,就切不可被流言蜚语所左右。最聪明的做法,是让自己永远远离"是非",这样才能让自己走得更远。

当听到别人在背后胡编乱造你的坏话时,你可以毫不犹豫、理直气壮地直面出击,将其击倒。直接把流言消灭在萌芽期,可以避免流言发展壮大后威胁到自己的工作,同时还能起到一定的威慑作用。千万不要姑息对方的感受,只要你动了恻隐之心,对方就会趁机反扑。所以,只要出手,就不能给对方留任何的喘息机会。如果无动于衷,职场的心理障碍将越来越大,自己也会陷入走人的地步。

面对流言蜚语时要冷静,要善于克制自己。一般人在听到有关自己的流言蜚语时,都会产生强烈的情绪反应,打破原来的心理平衡,语言过激,行为冲动都不可取。你一定要等到自己的心理风暴过去以后,冷静下来,才能进一步采取行动。面对流言蜚语的传播,如果一时说不清楚,不妨先回避一下,不予理睬,这样流言蜚语也许会很快平息。

## 2.冷静下来,站在别人的立场上想想

有时候,一点小事就会让你心中的无名火"噌噌"往上蹿,觉得心烦意乱、事事不如愿,甚至意志消沉、萎靡不振……心理学家把这些统称为"怒火的连锁效应"。

有些时候,我们觉得别人针对自己,嘲笑自己,为难自己,对自己不公平,其实都是因为我们只站在自己的角度去看问题,我们关注的只有自己。当你有一天能站在别人的立场想问题时,或许你会发现,很多火是没必要发的。

美国催眠大师斯蒂芬·吉利根教我们做一个小练习:一个人向你打出一拳,你可以当面去感受这一拳打来,你也可以转身站在对方的后边,从这个角度感受他。

两种感受截然不同,第一种情形下,你会感觉到紧张,而且会有恐惧或怒气升起。而第二种情形下,你的身体是放松的,而且会对这个人产生一种理解甚至悲悯的情怀。

这是一个很好的做法。解释起来可以说,假若你以为对方的敌意是针对你的,那么你也会有敌意产生,这很难避免,但假若你试着站在对方的角度上,感其所感,想其所想,那么你很容易就会理解他,也会产生不同的情感。

换一个角度,站在对方的立场看问题,这是一个很好的方法,可以有效地化解对方的敌意。在人际交往过程中,能够体会他人的情绪和想法、理解他人的立场和感受,并站在他人的角度思考和处理问题,这在心理学上被称为"同理心",所谓"人同此心,心同此理"。

生活中,每个人都渴望被理解、关注、认同,但很多人眼中看到的别人,

不过是他自己内心感觉的投射，笼罩着个人情绪。比如，早上你出门，如果已经积累了很多负面情绪，那么来到办公室，可能就会把别人一些无意识的举动解读成是故意针对你；如果你在公司闹了不愉快，回到家可能会误读家人的关心，拿家人出气。

我们经常遇到沟通不畅的问题，这往往是因为所处不同的立场、环境所造成的。因此，为了达成良好的沟通，学会站在对方的立场思考，真正了解对方的感受是至关重要的。拥有同理心，也就拥有了感受他人、理解他人行为和处事方式的能力，这样我们不仅可以知道对方明确表达的内容，还能够更深入地理解并把握对方隐含的感觉和想法。同理心因此饱含着温暖与关爱，成为我们与他人之间得以顺畅沟通的心理桥梁。

如何做一个有同理心的人呢？请记住以下五个方面：

★我怎样对待别人，别人就怎样对待我——我替人着想，他人才会替我着想。

★想要得到他人的理解，就要首先理解他人——只有将心比心，才会被人理解。

★别人眼中的自己，才是真正的自己——要学会以别人的角度来看问题，并据此改进自己在他人眼中的形象。

★只能修正自己，不能修正别人——想成功与人相处，想让别人尊重自己，唯一的方法就是先改变自己。

★真情流露的人，才能得到真情回报——要抛弃面具，真诚对待每一个人。

# 3.学会面对与接受，少问几个"为什么"

一个云游的高僧送给至诚禅师一个紫砂壶，至诚禅师视若珍宝，每天都要亲自擦拭。打坐之余，他便用紫砂壶泡壶好茶，品茶参禅，静心修佛。

有一天，至诚禅师与远道而来的高僧交流佛法，留下一个小和尚打扫禅房，小和尚拿着师父珍爱的紫砂壶仔细端详，一时失手，竟然将紫砂壶摔碎了。小和尚知道自己闯下大祸，于是战战兢兢地捧着碎了的紫砂壶，背着藤条，等到至诚禅师归来后，跪在佛堂前面请求处罚。

至诚禅师扶起小和尚，淡淡地说道："碎了就碎了。"

小和尚不明白："师父不是很珍爱这个茶壶吗？为何茶壶碎了您却不在乎？"

至诚师父说："茶壶既已碎了，悔恨有什么用呢？悔恨能让茶壶复原吗？如若不能，又何苦沉浸在悔恨中呢？"说罢依旧闭目参禅。

这个故事告诉我们一个道理，面对生活中遇到的那些不愉快的事，我们应该学会拿得起放得下。就像至诚禅师启悟小和尚的话一样，茶壶已碎，与其悔恨，倒不如想想现在该如何做好。

我们不妨来看看因在中央电视台讲《论语》而红遍大江南北的于丹教授的经历。

在很多人看来，像于丹这样的人，其成名的过程肯定是一帆风顺的。但谁又想到，她刚毕业时的起点，远远比现在很多大学生低得多。

当时，北大先秦文学专业硕士毕业的于丹被下放到北京南郊一家印刷厂锻炼，她每天的工作就是用汽油擦地上的油墨。而之前在学校，她则天天和同学们过着风花雪月、诗词歌赋的惬意生活，可现在不仅连一个字都看不到，而且还有很多体力活要干，手常常被油墨滚子磨出血，因此还经常被一些工人取笑。

换了一般人，可能根本无法接受这样的事实：自己一个硕士生，到哪里找不到一份工作呢？干吗要受这样的罪？可是于丹没有抱怨，而是选择适应，为了在工作中尽早体现出个人价值，她很主动地接受了领导安排的工作。

有一次，车间主任拿着一份书稿，问他们谁能做校对。书稿很有价值，但里面都是古文，一般人看不懂。于丹主动接受了这份任务。

刚开始，主任对她的能力还将信将疑，但于丹和几个同学一起，仅仅花了一下午的时间，就把那本古文校对完了。这样一来，于丹和几位同学在厂里的地位一下子就提高了。因为心态放平了，做什么都不再觉得辛苦，反而会从中找到乐趣。对于这段时光，于丹一直怀着一份感恩之情，甚至把它视为自己真正读的一个博士学位。

于丹是在一次讲座中谈到这段往事的，当时，她对台下听众说了这样一段话："人不要不停地追问为什么啊，多不公平啊？我今年老听人家说，怎么就我们这拨倒霉孩子赶上金融危机了？我要说，在我们之前好像也没有带户口下放的，我们却赶上了，你能去改变现状吗？不能！所以要迅速地接受下来。在你迷惑不解、怨天尤人、怨声载道、到处追问的时候，有一些机遇已经被别人拿走了。所以要学会接受现状，但是接受永远不是消极、被动、唉声叹气地去忍受。"

无论你喜欢与否，这个世界都会以其固有的方式出现在每个人面前，我们能做的唯有改变可以改变的，接受不能改变的。

如果你不能改变现状，就要迅速地接受下来。因为，在你迷惑不解、怨天尤人、怨声载道、到处追问的时候，有些机遇已经被别人拿走了，所以要学会接受现状。但是接受现状，不是要你消极地、被动地、唉声叹气地去忍受。适应世界，学会面对与接受，也不是要你消极地在世界面前躲避。恰恰相反，它是让我们更能积极地影响世界！

# 4.用勇气和智慧去正视压力

作为职场女强人，我们已经掌握许多知识——知道如何着装打扮，让自己气质不凡；懂得所有的社交规则，时刻举止优雅、言谈得体；深谙领导下属的技巧、商务谈判的策略；知道如何巧妙地向老板提出加薪要求……可是，身怀绝技的我们，却依然无法处理那些日复一日折磨自己的情感压力与情绪负担，这究竟是为什么呢？其实就是因为你还不会控制自己的情绪。

身处职场，更需要理性面对压力，情绪化只会让你的职场形象大打折扣，同时也会让你的职场之路更加坎坷。因此要学会控制自己的情绪，学会不生气。每个人在每个时期都会碰到压力，压力来临的时候，我们千万不要退缩、回避，而是认真地面对它，并找到改善的方法，如此才能把因为情绪而产生的不必要的压力统统释放掉！

用勇气和智慧去正视压力，压力就会变小，事态也会渐渐朝好的方向转变。

陈梅是一家公司的会计，常常会成为老总和那些王牌销售员的挡箭牌和出气筒。

有生意来往的公司之间，难免会有一些三角债务。别人欠公司的，不好讨；公司欠别人的，别人缠着要。老总被对方逼得没办法了，就往陈梅这边推："你的钱，我已经交待给陈会计了，可能是她这两天忙，没有来得及把款打给你。"

对方如果好对付，听老总说得如此有鼻子有眼的，也就缓几天，等着陈梅把钱打过去。对方如果性子急，听老总这么一说，会在最短的时间内到陈梅那去拿钱。

遇到这种情况，陈梅就得"很抱歉"地告诉对方："老总确实交待给你们准备钱了，见你们没有来取，我以为你们不是很急着用，就擅自支付给别的债权人，真是对不起！"来者一听，立即气得拍桌子大发脾气，陈梅一个劲儿地"道歉"。这个时候，老总出场了，他先是把陈梅"训斥"一顿，说她没有专款专用，然后就又拍胸脯又跺脚地保证，什么什么时候，一定把钱还上。等把对方折腾得没有脾气了，老总就热情地拉着人家去饭店吃饭"谢罪"去了。老总的这个法子比较灵，一般都能达到"拖延"的效果。

另外，公司的一些王牌销售员，自以为业绩好、贡献大、劳苦功高，于是就想方设法巧立名目地报销单据。老总不愿意给他们报销，可他们是公司的骨干，能给公司创造很大的利益，老总为了照顾他们的工作情绪，又不能直接拒绝一些来历不明的报销单据。

于是，老总私下里告诉陈梅，让她以暂时没有钱为由采取"拖延术"，一直拖延到这些销售员放弃报销为止。但是，销售员往往以"老总都批准了，你为什么刁难我"为由，对陈梅大发脾气，陈梅笑脸道歉，解释现在没有办法给报销是因为目前没有钱。面对笑脸和耐心"解释"，对方再也不好意思发脾气了，只得气呼呼地离开财务室。

这样的挡箭牌、出气筒角色，使得短短几年内，公司里的会计前前后后被气走了好几个，就陈梅没有被气跑。公司之前被气走的老会计觉得奇怪，就问陈梅整天给老总背黑锅难道不生气？

她推心置腹地说："老总也有他的难处，作为财务人员，配合他唱唱白脸，也没有什么。当然，很多人冲我发火，说些过分的话，别看我当时脸上挂着笑，内心其实还是很怨恨的。只不过，这种怨恨很快就会消失，因为心就那么大，少装一份怨恨，就会多装一份快乐。我让自己的心中充满快乐，不是更好吗？于是，我就多想想生活中那些大大小小的开心事。例如，快到周末了，又可以去逛街了；例如，某某大片上映了，可以和老公一起去重温热恋时的浪漫了；例如，在网上看了篇搞笑的文章，回味一下，更是开心……"

想一想，工作中的一些不快无法避免，与其每天埋怨生气不如快快忘掉。心就那么大，少放怨恨多装快乐，每个人都会过得很开心、很幸福。

事实上根本没有什么快乐的工作，只有用快乐的心去面对工作。当你心中充满怨恨，你的工作就是烦人的；当你心中充满阳光，你的工作也是阳光的；当你心中充满幸福，你的工作也是幸福的。

# 5.千万别把这些陋习带到办公室

是人都会有毛病，何况漂亮的女人？有些毛病会让女人变得可爱，可有些毛病却会在无形中毁了你的形象。这绝对不是危言耸听！

在宿舍或者家里，你可以趿拉着拖鞋，穿着吊带甚至比基尼自由活动，但在办公室里绝不能这样。和亲朋好友在一起你可以口无遮拦，但是在上司同事面前则一定要注意距离和做事方式。因为别人未必同你一样，有着同样的生活习惯，有着同样的爱好。所以那些有毁自身形象的办公室陋习一定要主动改正。

在办公室里，谁都不喜欢听到牢骚话，如果你在办公室内大放厥词、口无遮拦地对某事、某人进行猛烈抨击，有人会认为你是在含沙射影、指桑骂槐，有人会觉得你古怪冷漠，有人会认为你曲高和寡。要知道你在表明自己爱和恨的同时，实际上是在孤立自己，你的观点很有可能让你成为他人，尤其是领导设防的对象。经过办公室历练过的人都会把握住"说古不说今，说外不说中，说远不说近"的原则。

还有一些陋习是天长日久习惯而成的，比如在办公室里，有些员工喜欢拿着笔来转动着玩，你问他们有什么特别的意思吗？他们会说："没有特别的用意,习惯而已。"这个看似不经意的动作,却很容易让老板认为你"无聊"、"幼稚"和"浪费工作时间"。有些人总是迟到,你要求他每天早起半个小时,他一边郑重发誓,一边照常迟到。还有些人喜欢说闲话,虽然那些闲话无关大雅,可如果你花太多的时间与同事聊天,就会给对方留下一种无所事事的印象,同时大家还可能因为你的长舌而疏远你,因为他们怕哪天关于他们的隐私会从你的嘴里传出去。

亲爱的美女,办公室不是私家后花园,想干嘛就干嘛,无拘无束、我行我素是不行的,千万别把以下这些陋习带到办公室里,否则你很可能断送自己的前程,去承受一个被动的人生。

**(1)破坏安全距离**

都说距离产生美。因为彼此之间有了一定的距离,大家都有了隐私空间和心理上的安全感,如果互相走得太近,超越了人与人之间的安全距离,就会让对方产生不舒适感。

松垭的上司是个热情开朗的女人,她四十岁出头,做事能力强,为人善良宽容,是个深受大家爱戴的好上司。唯一让松垭觉得不舒服的是,这位女上司在和下属沟通的时候喜欢离得非常近。她要么一边说,一边伸手摸摸同事的胳膊,要么会凑得很近,仿佛在说一个天大的秘密似的。

有一次,松垭正在处理海外传过来的文件,忽然女上司的脸出现在距离她3公分的地方,松垭着实被吓了一跳。只见女上司笑着对松垭说:"来,到我办公室里来,我们针对下面的项目谈一谈。"说这番话的时候,松垭清晰地看到她脸上的斑还有皱纹,以及从口腔里喷出的韭菜鸡蛋味。后来,松垭委婉地建议上司,有些沟通可以通过QQ和电子信箱进行。

**(2)贪小便宜**

宋晓东是个公务员,单位待遇很好,隔三差五就给员工发一些福利,无非一些米面油,洗漱用品什么的。宋晓东懒得拿回去,便经常将发的小东西丢在办公室里。那次，同事小吴去深圳出差，单位里急需一份资料，文件柜的钥匙只有小吴有，情急之下，老总让撬开文件柜。这一撬开不要紧，只见里面整整齐齐地放着打印纸、饮料，各类福利品几乎都有，甚至连周围同事莫名其妙消失的护手霜之类的小东西也出现在文件柜里。大家看着文件柜的东西发了很长时间呆。从那以后，老总便安排小吴到基层单位做一份很普通的工作。

有些小东西确实不值钱，有时候也丝毫不起眼，多一个少一个都无关大碍，可是如果大家发现你连这些小东西都喜欢招揽的话，难免会对你有所怀疑。假如一个人在职场中无法赢得别人的信任，那么他是毫无前途可言的。

### (3)不负责任

办公室是工作场合，不同的人、不同的岗位势必会有相关的权责。每个人做好自己的本职工作，最好程度地完成上司交给的任务，就是权责的最好证明。可有一些人不知道自己上班做什么，或者无视工作任务的存在。最后给自己造成负面影响，也给公司带来不同程度的损失。

月月刚毕业就被分配到报社，也许是因为年龄小，又被家人宠爱惯了，月月的责任意识非常差。大家都知道，新闻的时效性很强，同行间竞争也很激烈，谁先抢到资源，谁就能赢得关注。那次，领导要一则国外来稿，那篇稿子正好是她负责的，但主任去向她要的时候，她正忙着养她的QQ宠物，问到稿子时，她眨着无辜的眼睛天真地说："我不知道呀。"主任非常生气，这样的错误一次两次足够致命，可她依然故我，丝毫不当回事。

公司是讲究效率的地方，没有效率就没有利润，没有利润就无法生存。何况，作为职员，负责担当是最基本的义务，如果连这点都做不好的话，不知道对他老板而言你还有什么价值可言。

## 6.尊重别人，不可怠慢任何一个人

很多人在形容现在社会时喜欢用一个词：势利。说白了就是不公正的待遇，有名有利有权有钱的人往往会受到更高待遇，而那些没名没利没权没钱的人就要经常忍受不屑的目光。公司里尤其能看到这类戴着有色眼镜看人的人，也许这类人凭借势利可以一时攀得高枝，但大浪淘沙之后，摔得最惨的也是这类人。

李娜是个挺不错的人，平时工作积极主动，表现很好，待人也热情大方，跟同事关系都不错。在最初工作的一两年内，领导非常看好她。可是，一个小小的动作却使她在同事眼中的形象一落千丈。有一天，公司开了一场员工大会，在大家等待总经理到来之时，其中有一位同事觉得地板有些脏，便主动拖起地来，而李娜则一直站在阳台旁边。突然，李娜走过来，坚持拿过同事的拖把替他拖地。本来地已经差不多拖完了，根本不需要她的帮忙，可李娜却执意要求。无奈之下，那位同事只好把拖把给了她。李娜刚接过拖把不一会儿，总经理推门而入。总经理见李娜在勤勤恳恳地拖地，微笑地表示赞扬。可李娜这种虚假的面孔被同事看在眼里，于是她在公司里的人际关系越来越差了。

办公室是个竞技场所，每个人都需要展示出自己的特长和优势，这一点无可厚非，可如果一味刻意表现，不仅得不到同事的好感，反而会引起大家的排斥和敌意。真正善于表现的人常常既表现了自己，又未露声色，才是真正展示教养与才华的表现。太过虚伪不但不尊重别人，也会被同事们疏远。

现在的女人越来越多地融入社会和职场，其实算下来，和同事相处的时间远比和家人相处的时间多,因此同事之间保持融洽和谐的关系尤为重要。同事相处的一个最基本的原则就是对所有人一视同仁,包括那些从底层干起的办公室新人,哪怕是扫地的阿姨你也不能怠慢,也许她的某个亲戚就是你苦苦寻找的贵人。俗话说:"真人不露相。"你永远无法预知那些默默无闻的小人物背后,有没有一个大人物在为他撑腰。再说,如果老板觉得你处处树敌,这种印象对你毫无裨益。

人往高处走,这是一种普遍心理,但倘若做得太过火,成为一个办公室攀贵者,时时在伺机捕捉任何一个能趋炎附势,令自己一步登天的机会。这样的心理一旦被周围的人察觉,恐怕最后会落下个孤家寡人的凄惨下场。

相互尊重是处理好任何一种人际关系的基础,同事关系也不例外。同事关系不同于亲友关系,它是一种不以亲情为纽带的社会关系。亲友之间一时的失礼,还可以用亲情来弥补,而同事之间一旦失礼,创伤是很难愈合的。所以,处理好同事之间的关系,最重要的是尊重对方。要知道,在一个单位中,势利小人是最让人瞧不起的,也是最不受欢迎的,即便你的工作很优秀、很成功。

请谨记:在工作岗位对待同事要一视同仁,不要遇到有能力的同事是一个样,遇到能力较弱的同事又是一个样,给人一种"势利小人"的印象。


美芬得到这份工作相当不容易,因此她特别珍惜这次机会。在办公室里,她努力和每一位同事处好关系,隔三差五地请同事吃饭。逢年过节时,她必定会给每一位同事送上短信祝福。平日里时不时地还会送大家一些小礼物,就连看门的张阿姨也不例外。一年后,在部门竞选部门经理的时候,美芬理所当然地上任,其实在整个部门里,她不是业务最熟练的,也不是资历最老的,但她是人缘最好的那一个。她用自己的尊重换回了别人对她的尊重,其魅力不可低估。


实际上,这才是最健康、最正常的同事交往原则,铁打的营盘流水的兵,

213

周围的人也许明天就是你的领导,也许会成为扭转你命运的新贵,何况没有人喜欢被人用"有色眼镜"看待,尊重每一个人也是展现自我素质最重要的方面,不卑不亢、谦恭有礼。

面对晋升、加薪,应抛开杂念,不要手段、不玩技巧,面对强于自己的竞争对手,要谦虚学习别人的经验;面对弱于自己的,也不要张狂自负。如果与同事意见有分歧,则完全可以讨论,但不要争吵,应该学会用无可辩驳的事实及从容镇定的声音表达自己的观点。心怀宽广,处事坦荡,是每一个期望成功的职场新人必须练就的本领。只有勤奋工作并尽可能把工作做出色的人,才不至于被同事看作累赘、窝囊废。而廉洁自律、不以权谋私则是能博得他人敬重的主要依据。不占便宜,不谈隐私,不故作姿态,不趋炎附势、提高自己,融入办公室的人际圈,为以后的每一次上升做好充足的准备,是每一个聪明女人必须掌握的基本技巧。

# 7.保持谦虚让女人更迷人

职场中,很多女性常常因为某一方面比其他人强,而沾沾自喜。结果,这份强却让自己的工作变得越来越难,和同事的相处变得越来越淡。实际上,不管女人在工作中取得了多么好的成绩,时刻保持一个虚心请教的态度,都会让女人的气质更加迷人。

"这个是我早已预料到的结局,这点奖金对于我来说根本不算什么的,我还会做得更好。"很多女人在面对领导对自己的夸奖,或得到奖励时,都会这么说,以表现出自己不在乎的态度。其实,这只是骄傲的一种表现,而莎士比亚说过:"一个骄傲的人,结果总是在骄傲里毁灭了自己。"

杨楠是学营销专业的，她不仅长得漂亮，而且口才也不错。毕业后，她在一家大型健身会所当业务员。刚开始工作没多久，她的表现就很优秀，有了不错的业绩。这点让老板欣慰。

在一次庆功会上，老板不经意的一句"杨楠是很有潜力的人才，对于这样的人才公司也会重用的"，让杨楠觉得自己升职是迟早的事情，因此，对工作中的很多事情都变得没有之前那么有激情了，也开始看不起那些还在业务员岗位上工作的同事了。

每当有同事找她帮忙，她就觉得事情太小，根本用不着自己亲自出手，自己将来是要和领导一样干大事的，于是事情也做得不情不愿。时间久了，同事们都觉得杨楠是个很骄傲的人，而且还眼高手低。而事实上，一直到同事们都慢慢疏远她以后，老板也没有重用她。

当杨楠准备收起自己的骄傲，重新开始做好自己的本职工作时，她才发现，自己已经处于一个孤立无援的状态了。没有同事愿意帮她，也没有同事愿意和她交往，没过半年杨楠就辞职了。

当我们还很小的时候，爸爸妈妈就告诉过我们："不要因为取得了一点成绩就沾沾自喜，虚心求知比什么都重要。"可是，当我们都参加工作以后，似乎就把类似的话忘得一干二净了。上司的赞美和肯定，有时候会让很多女人忘乎所以，不知道自己到底是干什么的。而这个时候，女人也最容易失去原本和谐的同事关系，甚至是自己的工作。

在职场中，无论取得多么好的成绩，聪明的女人都会这样说："谢谢夸奖，我觉得还有很多不足的地方需要向前辈请教，我一定会继续努力，争取把它做得更完美。"一个会虚心请教于人的女人，会让领导认为你还在努力，还在进步。这样领导才能放心地重用你。

赵敏是现代文学专业的研究生，毕业后就进入了一家杂志社担任编辑。

215

由于赵敏的文字功底很不错，没过多久她就被上司注意了。

在开晨会的时候，上司会点名表扬赵敏，这虽然让她很受用，可她觉得自己不能因此而骄傲。因此，在接到一些很有难度的文稿时，赵敏还是会主动地向同事请教，又或是和上司商量一下具体的细节。时间久了，大家都愿意和赵敏交往。

慢慢地，赵敏写出来的东西越来越受读者的好评，这样的进步让上司很是喜欢，而且最重要的是，赵敏不会因为一点成绩而骄傲自满。因此，当副主编辞职后，她就理所当然地被提到了这个职位上。

王进喜曾经说过："我们不能一有成绩，就像皮球一样，别人轻轻一拍，就跳得老高。成绩越大，越要谦虚谨慎。"工作中，任何一个老板都希望自己的员工可以不断进步，而不是在原地踏步。因此，女人想要在工作中有更好的发展前途，就要时刻保持向他人虚心请教的心态。一直坚持下去，再小的成绩也会被老板看在眼里。

所以，女人在工作中要学会虚心请教，哪怕对方没有你见解深刻，但必要的请教还是要有的。也许在某一方面别人比你更专业，这样会让你学到很多东西，而且也容易让老板看到你的努力和付出。

# 8.不八卦，不揭短，不探秘

《菜根谭》中有句话："不揭他人之短，不探他人之秘，不思他人之旧过，则可以此养德疏害。"做大事的人，不会冒冒失失地挑起争端，反而会做好表面文章，让对方觉得你对他是富有好感，凡事为他着想的。

有些女人，总喜欢把自己的心事或秘密和知心朋友分享，然后再要求对方为自己保守住秘密。可是有些人偏偏做不到这一点，当朋友不在面前时，就将朋友叮嘱要保密的话公布于众，后来她说的话又传到朋友耳朵里，结果造成两人关系破裂。

别人愿意把自己的隐私告诉你，是对你的信任，如果你不小心说漏了嘴，不仅自己落了个不守约定的骂名，朋友估计也做不了了。

在大学时期，杨琦和魏亦涵是室友，两人关系特别好，无话不说。后来，杨琦发现魏亦涵从来不会提到自己的家人，于是就随口问了问，魏亦涵眼睛一下子就红了，说出了实话，她的父亲原本是个军人，后来分配到地方当官，因为贪污，前两年被关进了监狱。

为了安慰魏亦涵，杨琦也说出了自己的一个秘密，杨琦其实是个红绿色盲，小时候接受过治疗，但根本没用，她到现在依然分不清红色和绿色。杨琦很少和人接近，害怕别人知道后歧视她。两人就这样互相安慰着对方。

一年后，杨琦有了男朋友。一次，她不小心说出了魏亦涵父亲坐牢的秘密，没想到男朋友是个大嘴巴，没过多久这件事就在班上传开了。魏亦涵很生气，于是也把杨琦是个色盲的事告诉了其他人，从那以后，大家看杨琦的眼神也都变了。为这事，杨琦的男友和她分了手，而她和魏亦涵曾经深厚的友谊也随之破碎了。

隐私是指不愿告人或不便告人，并和别人无关，只关于自己利益的事。每个人心中都有深藏着几个小秘密，如果你的朋友愿意把一些秘密与你分享，你们之间一定是非常好的知心朋友。对于朋友的秘密，即便她没有叮嘱你不要外泄，你自己也应该权衡，这种事传出去会不会对她造成影响。所以对于别人的隐私，请一定要咽进肚子里，否则，你会损失巨大。

除了爱"八卦"外，女人还容易犯的一个毛病就是爱"揭短"。有时她们是故意的，那是互相敌视的双方用来攻击对方的武器。有时她们又是无意的，那是因为某种原因一不小心犯了对方的忌讳。

但是总体来说，有心也好，无意也罢，在待人处世中揭人之短都会伤害对方的自尊，轻则影响双方的感情，重则导致人际关系紧张。

张小姐是某机关办公室文员，她性格内向，不太爱说话。可每当就某件事情征求她的意见时，她说出来的话总是很"刺"，而且她的话总是在揭别人的短。

有一回，自己部门的同事穿了件新衣服，别人都称赞"漂亮"、"合适"之类的话，可当人家问张小姐感觉如何时，她直接回答说："你身材太胖，不适合。"甚至还说："这颜色真艳，只有街头早锻炼的老太太才这样穿。"

这话一出口，同事顿时很生气，而周围大赞衣服如何如何好的人也颇为尴尬。

虽然张小姐有时也会为自己说出的话不招人喜欢而后悔，可她还是照样说些让人接受不了的话。久而久之，同事们便把她排除在团体之外，很少就某件事去征求她的意见。

尽管这样，如果偶然需要听听她的意见时，她还是管不住自己的嘴，又把别人最不爱听的话给说出来了。

现在，公司里几乎没有人会主动答理她，而张小姐自然明白大家不答理她的原因，可惜为时太晚了。

我们常说"瘸子面前不说短，胖子面前不提肥，'东施'面前不言丑"，对让人失意的事，应该尽量避而不谈。避讳不仅是处理人际关系的技巧问题，更是对待朋友的态度问题。尊重他人就是尊重自己，要多为自己留些口德。

通常情况下，人在吵架时最容易暴露其缺点。无论是挑起事端的一方还是另一方，都是因为看到了对方的缺点并产生了敌意，敌意的表露使双方关系恶化，进而发生争吵。争吵中，双方在众人面前互相揭短，使各自的缺点暴露在大庭广众之下，无论对哪一方来说都是不小的损失。

某公司部门里有两个职员，工作能力难分伯仲，互为竞争对手，谁会先升任科长是部门内十分关心的话题。但这两个人竞争意识过于强烈，平时凡事都要对着干。快到人事变动时，他们的矛盾已激化到了不可收拾的地步，好几次互相指责，揭对方的短。科长及同事们怎么劝也无济于事。结果，两人都没有被提升，科长的职位被部门其他的同事获得了。因为他们在争执中互相揭短的过程中，将各自的缺点暴露在了众人面前，让上级认为两人都不够资格提升。

任何人都可以成为你的敌人，也都可以成为你的朋友，而多一些朋友总比四面树敌要好。把潜在的对手转化为自己的朋友，才是最好的办法。

打人不打脸，骂人不揭短。在言论自由的现代社会，人们一样也有忌讳心理，有自己与人交往时所不能提及的"禁区"。在办公室中，那种当面揭短的话更是不能说，否则不但会使同事之间的关系恶化，还可能造成更为严重的后果。

# 9.不做孤独女强人，平衡好事业和家庭

如何处理好事业和家庭的关系，是所有职业女性不能不去面对的难题。这个问题如果处理好了，将会使职业女性事业发达，身心愉悦。如果处理不好，就有可能成为羁绊职业女性走向成功的枷锁。

在我国，由于传统观念的影响和家务劳动的社会化水平不高，使得职业女性不得不面临来自于工作和家庭的双重压力和挑战。正如有的女性所感

219

慨的那样："我们是背着孩子、老人和厨房，与我们的男性同事站在同一条职业起跑线。"

30多岁的苏虹是位事业有成的女强人，事业上如日中天的她，却为家庭的变故感到痛苦万分。她不知道自己错在哪里，费尽心思也找不到问题的根源。

苏虹和丈夫是经过十分浪漫的相恋才结合到一起的，婚后的一段日子也可以用幸福甜蜜来形容。那时候苏虹是一家商场的营业员，丈夫是一家单位的保管员，虽然工作上没有什么优越感，但是生活过得有滋有味。

丈夫那时候非常体贴苏虹，说苏虹站柜台辛苦，自觉地承担了所有家务。没有了家务的牵绊，苏虹便一心一意地工作，并在自己的努力下，得到了领导的重视和信任，不久便被提升为部门经理。

随后的日子里，丈夫的单位日渐萧条，但他仍是毫无追求，没有什么上进的想法。苏虹对丈夫的不争气感到很生气，于是在生活中有时会嘲笑他，甚至奚落他。可是，就在苏虹被提升为商场经理的当月，丈夫下岗回了家，这种戏剧性的鲜明对照，让苏虹替他感到难堪。有时苏虹故意讥笑丈夫，但他竟然不怨不怒，一如既往地做好所有的家务，辅导儿子功课，似乎对自己所受的"待遇"习以为常了。丈夫的这种态度让苏虹十分受不了。

在苏虹35岁生日那天，苏虹的好朋友到家中庆祝，他做了一桌丰盛的晚餐。吃饭时，一位女友对苏虹的丈夫说："你真的是艳福不浅，这么才貌双全的美女嫁给你。"苏虹心里很为自己不平，顺口说道："我只有靠自己，哪像你们被老公养着、宠着。"这时，苏虹的另一个朋友插话道："姐夫对你可是一向体贴入微，什么家务也不用你做，你别不知足啊。"苏虹看了老公一眼说："开公司没技术，做生意净贴本，一个大男人在家待着，不做家务做什么。"

当晚，苏虹的丈夫拿了几件换洗的衣服去了自己母亲家，他们的分居生活从此开始了。半年后，他递给苏虹一纸离婚协议书，说好聚好散。

苏虹不明白，她只不过想让自己的丈夫变得上进一点、优秀一点，到底错在什么地方？

无论是在朋友还是在家人中间，你只有用爱心平等地待人，才会赢得别人真心的爱与尊敬。每个人都会有所差异，即便在事业上取得成功，也不能把这种傲气带入家庭，要学会适当放低自己对对方的要求。家庭中，两个人的承担和付出是不一样的，只有彼此尊重，才不会成为站在事业顶端，却无人分享的孤独女强人。

现代社会的职业女性总是会不由自主地以男性为参照来决定自我的行为方式。初入职场的女性常常与男性一样，像高速飞驰的列车一般，在职场上疲于奔命，忘我地工作。当她们的事业发展到一定阶段，不再具有向上晋升的机会时，她们就会对工作的前景缺乏信心，想要拥有同其他女性相同的家庭生活，然而她们已经错过了恋爱和结婚的最佳时期。"渴望成功"的她们常常不知道该何去何从，如何抉择。

这也使得一些职业女性在他人的前车之鉴下，对婚姻望而却步，把事业成功和家庭生活完全对立起来，选择独身自处。还有一些职业女性在过大的工作压力下对生活和家庭产生不满情绪，并不自觉地将这种情绪带入工作中，从而影响到她们的工作效率，如此的恶性循环，使她们在失败的道路上越陷越深。那么职业女性应该如何平衡这种心理呢？

**首先，职业女性要调整和完善自我。**

许多职业女性在外面发号施令、勇于奉献，因此回到家后，对孩子和爱人常常不是有一种"委屈感"，就是有一种"负罪感"，如果不能及时调整好心态，就会使家庭气氛变得紧张和压抑。

**其次，职业女性要学会及时转换角色，避免"角色固着"。**

所谓"角色固着"，就是过于沉溺某个角色，不能及时转化到其他的角色中去。职业女性要善于区分工作和家庭角色的不同要求，在家庭中要学会以柔制刚，及时沟通，谋求家人对自己工作的支持和理解。

**第三，坚信女性可以做到家庭与事业的平衡。**

不要在观念上放弃——你认为做不到，你就真的做不到。作为女性，尤其是已婚女性，往往承担着比男性更多的家庭责任，职业女性除了承受职场压力外，还要承受家庭压力。封建社会对妇女"三从四德"的要求，以及传统文化价值体系中认为女性应该承担更多的家庭角色的观念，给今天走上职场的女性带来了莫大痛苦。但是，只要够积极努力，这些问题其实都可以得到解决。

**第四，职业女性可以通过有效的职业生涯设计，来帮助自己处理好事业与家庭的矛盾。**

例如，夫妻双方可以通过合理的设计，使双方在人生的不同阶段对家庭投入不同的精力和承担不同的责任，每个人都可以在职业的冲刺阶段和巅峰阶段得到更多来自对方的支持和理解。这种双职业生涯的设计可以使家庭成员的整体绩效实现最优化。

**第五，通过沟通获取理解和支持。**

家庭与事业的平衡不仅仅是女性的事情。过去，由于性别分工差异，"男主外女主内"的思想在人们心中根深蒂固，女性更多地承担着家庭的事务。今天，越来越多的女性走向职场，但人们认为，女性应该承担更多家庭责任的观念并没有消除，仍有很多男人有"大男子主义"倾向。

如果职场女性想取得家庭与事业的平衡，就必须得到另一半的理解和支持，双方都要有"家庭与事业平衡"的意识和行为。虽然，夫妻双方都有事业，但是两个人应该多沟通，以获取对方理解和支持，统筹安排，把家庭的事情和两个人的工作协调规划好。两个人并不是任何时候都同时在忙工作的，可以在自己工作不忙的时间里，多帮对方承担一些。这样才能在自己工作忙的时候，得到对方更多的支持。

女性要积极争取另一半的帮助，采取沟通协商的办法，而不是超出自己能力去承担家务，然后向另一半抱怨发泄。只有双方共同努力，才可能做好家庭与事业的平衡。

**第六,寻求你的社会支持系统。**

当然,很多时候夫妻双方都忙于工作,而没有太多的精力顾及家庭;或者因为家庭的事情,而带来工作中的失误。其实,两种情况下,我们都可以通过寻求自己的社会支持系统来把家庭或工作中的事情做得更好。

(1)家庭支持:家庭支持主要来源于家人、亲戚的支持。作为有知识、有思想的女性,可以尽可能把家庭的事情做一个战略规划。工作忙,可以只抓家庭的管理工作,而把事物性的工作交给父母或者有时间的亲戚帮忙打理。

(2)朋友、同事支持:传统的人际关系,总是在告诉你如何与人保持距离,警告你千万不要发展职场友谊。而今天的职场更重视团队合作,强调沟通、协调、协作意识和能力。因此,相信工作中的团队是有感情的,大家不仅共同完成工作,同时还会带给你工作之外的帮助和支持。很多人以为只要自己闷头苦干,一切就会水到渠成,觉得自己的工作就得自己完成,不好意思请别人帮助。其实,只要你开口,你就会发现,很多人其实是愿意帮助你的,有的时候即使是陌生人也如此。

**第七,提高工作和家庭角色的效率。**

女性的职场痛苦有的时候来自于不能陪伴孩子并照顾他们。这个问题可以从两方面来看待。

首先,不要过度地照顾孩子,剥夺他们成长的机会。女性在家庭中扮演妈妈角色时,不要认为孩子的任何事情都需要自己的帮助。相反,给孩子一些空间,让他们有机会自己处理事情,反而能培养他们的独立性。

# 第九章

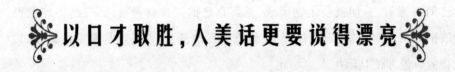

## 以口才取胜，人美话更要说得漂亮

# 1.亲热贴心，说好第一句话

熙熙攘攘的人群中，总会有人如惊鸿一般飘然而过，却让你久久回首，难以忘记；社交聚会中，每个人都明艳照人，使尽浑身解数，以博取注意力，而有人却独领风骚，她们是怎么做到的呢？

秘诀就在说好第一句话中。

35岁的李可然是一位合资企业的技术人员，她搬到这个小区已经5年了，但和邻居的关系都很疏远，有时候孩子们在一起玩，别的家长都坐在一起谈笑风生，她却很难融入其中。

一天，她带儿子在楼下玩，碰到楼下的一对母女。两个小伙伴骑着自行车比赛，她试探着跟小女孩的母亲交谈。

"你在哪工作？"

"我没上班，在家带孩子。"女人的回答已经有些勉强。

"真美慕你，那你老公是干吗的？"李可然并没有发现自己提问的不妥。但那位母亲显然已经有些不耐烦了，"孩子的爸爸开家小公司。"

"公司做什么生意？年收入有多少啊？"李可然依然追问。这位母亲终于忍不住了，于是她拿起电话，走到一边打电话，留下李可然一个人站在那里。这时，她才意识到，自己的提问一定又让对方不高兴了。

第一句话是留给对方的第一印象，女人的第一句话说好说坏，关系重大。说好第一句话的关键是：亲热、贴心、消除陌生感。常见的有这样3种方式：

**(1)真诚地问候**

"您好"是向对方问候致意的常用语。如能因对象、时间的不同而使用不同的问候语,效果则更好。

对德高望重的长者,宜说"您老人家好",以示敬意。对方是医生、教师,说"李医师,您好"、"王老师,您好",有尊重意味。节日期间,要说"节日好"、"新年好",给人以祝贺节日之感。早晨说:"您早"、"早上好"要比"您好"更得体。

### (2)攀亲附友

赤壁之战中,鲁肃见诸葛亮的第一句话是:"我,子瑜友也。"子瑜,就是诸葛亮的哥哥诸葛瑾,他是鲁肃的同事和挚友。短短的一句话就定下了鲁肃跟诸葛亮之间的交情。其实,任何两个人,只要彼此留意,就不难发现双方有着这样或那样的"亲"、"友"关系。例如:

"你是清华大学毕业生,我曾在清华大学进修过两年。说起来,我们还是校友呢!"

"您是书法界老前辈了,我爱人可是个书法迷;您我真是'近亲'啊。"

"您来自青岛,我出生在烟台,两地近在咫尺。今天得遇同乡,令人欣慰!"

### (3)表达仰慕之情

对初次见面者表示敬重、仰慕,这是热情有礼的表现。用这种方式必须注意掌握分寸,要恰到好处,不能乱吹捧,不说"久闻大名,如雷贯耳"一类的过头话。表示敬慕的内容应因时因地而异。例如:

"您的大作我读过多遍,受益匪浅。想不到今天竟能在这里一睹作者风采!"

"今天是教师节,在这光辉的节日里,我能见到您这位颇有名望的教帅,不胜荣幸。"

"桂林山水甲天下,我很高兴能在这里见到您——尊敬的山水画家!"

说好第一句话,仅仅是良好的开始。要谈得有味,谈得投机,谈得其乐融融,还有两点需要注意:

第一,双方必须确立共同感兴趣的话题。有人以为,素昧平生,初次见面,何来共同感兴趣的话题?其实不然。生活在同一时代、同一国土,只要善于寻找，何愁没有共同语言？一位小学教师和一名泥水匠，两者的工作似乎没有丝毫交集。但是，如果这个泥水匠是一位小学生的家长的话，那么他们可就如何教育孩子各抒己见，交流看法，如果这个小学教师正在盖房或修房，那么，两者可就如何购买建筑材料，选择修改方案沟通信息，切磋探讨。

只要双方留意、试探，就不难发现彼此有对某一问题的相同观点，某一方面共同的兴趣爱好，某一类大家关心的事情。有些人在初识者面前感到拘谨难堪，只是因为没有发掘共同感兴趣的话题而已。

第二，注意了解对方的现状。要使对方对你产生好感，留下不可磨灭的深刻印象，还必须通过察言观色，了解对方近期内最关心的问题，掌握其心理。

例如，知道对方的子女今年高考落榜，因而举家不欢，你就应劝慰、开导对方，说说"榜上无名，脚下有路"的道理，举些自学成才的实例。如果对方子女决定明年再考，而你又有自学、高考的经验，则可现身说法，谈谈高考复习需要注意的地方，还可表示能提供一些较有价值的参考书。在这种场合，切忌大谈榜上有名的光荣。即使你的子女考入名牌大学，也不宜宣扬，不能津津乐道、喜形于色，以免对方感到脸上无光。

# 2.悦耳动听，给你的声音加点"料"

声音是一项非常重要的沟通工具，它能够清楚地表明你是谁，并且决定了外界如何倾听你以及看待你。许多经理人，既有着前进的能力也有着前进的动力，却因为一个普通的"说话"问题阻碍了自己的成功之路。

一位执行董事因其单调、乏味的说话方式，而令自己的领导效率大打折

227

扣；一位高级经理人因为声音粗哑，而与晋升失之交臂；一位广告经理人因为说话的声音软绵绵的，并且不清楚，而将原本极具震撼力的创意陈述得平淡无奇；一位销售经理人因为说话像开机关枪一样，而让他的客户觉得难受，并且无法信任他；一位国际顾问因为说话带着浓重的外国口音，而让人们很难听懂她在说些什么。

不论你喜欢与否，外界对一个人的判断，并不是看他的学识或行为如何，也不是看他讲话内容的好坏，而是根据他讲话的方式。

加州大学洛杉矶分校的一项调查显示，在决定第一印象的各种因素中，视觉印象（即外貌）占55%，声音印象（即讲话方式）占38%，而语言印象（即讲话内容）仅占微不足道的7%！如果是电话交谈，由于不存在外貌因素的影响，声音更是占到83%的比重。

马青远是一家颇有实力的经贸公司的经理，每天都会有许多人打电话与他洽谈合作事宜，而最近他却出人意料地与一家名不见经传的小企业签了一份为数不小的订单。

马青远说："这还真得归功于那位打电话过来的女业务员。其实她也没有什么过人的口才，只是很客观地向我介绍他们的企业和产品。她的声音低沉而有力，语调里传达出语言所无法表达的诚恳、热情和自信，我不由自主地就信任她。通了几次电话后，我又亲自去实地考察了一番，最终达成了协议。通过这件事我得出一个结论：动听的声音在愉悦听觉的同时，也为说话的人增添了几分吸引力。"

显然，声音是一项非常重要的沟通工具。它能够清楚地表明你是谁，并且决定了外界如何倾听你以及看待你。许多经理人，既有着前进的能力也有着前进的动力，却因为一个普通的"说话"问题阻碍了自己的成功之路，包括职业和生活两个方面。

228　　　声音可以让倾听者对你留下两种完全不同的印象，可能是果断、自信、可靠、讨人喜欢的印象，又或者是不可信、软弱、讨厌、无趣、粗鲁甚至不诚实的印象。事实上，糟糕的声音会轻易毁掉一个人的职业生涯和人际关系网络。那些过分重视礼仪、穿着和外表的人，往往不约而同地忽视声音所起的重要作用。

你的声音听起来怎么样？找出其中自认为比较好的一两个方面，再找出一到两个需要改进的地方。

**摆脱发音的毛病**

好消息是，你可以改变自己说话的方式。因为，即使你已经习惯于用一种固定的方式说话，也不意味着你就摆脱不了你现在的声音了。一些简单的声音和演讲训练可极大地改变你给别人留下的印象。

比方说，如果你讲话时鼻音很重，那么你可以多尝试用喉音说话。

如果你的问题在于语速过快，那这就不仅是讲话的问题了，还可能减少别人对你的信任。毕竟，你会信任一个说话像蹦豆一般的保险代理或证券经理人吗？这个毛病不像看上去那么容易改掉。你试图减慢语速，却发现不出几秒钟，自己就又回到了原来的速度上。这确实令人沮丧，个中原因在于，没有人能告诉你如何把语速降下来。紧张的人，或者脑袋转得比嘴巴还快的人，尤其容易犯这个毛病。他们总是想一口气说太多话。

控制语速的关键在于，要学会在说话时，偶尔停顿一下。呼吸的停顿，实际上就是为你的思考加上"逗号"。它会帮助你将思绪分解成更小、更易控制的单元，从而调节好语速。此外，停顿还便于听众有更多的时间来消化你之前所说的话。

如果你的问题是吞音或漏词呢？你也知道口齿不清会让听者不知所云。然而，问题远不止于此。声音含混，会显得你拙于言辞、缺乏修养、懒散，而且粗心大意，这显然不是你希望留给别人的印象。漫不经心的谈话往往反映出你没有经过认真的思考，或者让人觉得你在试图隐瞒些什么。

那么如何解决呢？对新手来说，首先要检查一下自己的语速。语速一快，就会造成吞音或漏词。不过，有些人即使说话很快也依然字正腔圆。因此，发音的清晰关键是了解自身语速的极限，你应该用自己力所能及的语速说话。

此外，如果你说起话来总是含混不清，可能是因为你在说话时嘴张得不够大。有位经理人在说话时就像在表演高超的口技，他说话时上下排牙齿几乎不分开。经过几周的专业训练，他终于可以张大他的嘴了，于是他的声音变得更加清晰。假如你原本不习惯张大嘴说话，刚开始训练时，你可能会觉得很滑稽。然而为了更清晰地发音，这只是你需要付出的一个小小代价而已。

**为声音注入活力**

你有没有过这样的经历：在某次会议上，你的发言得不到听众太大的反应，但几分钟后别人说了同样的事，却得到了所有人的关注和赞赏？也许，问题的症结不在于你说的内容，而在于你说的方式。

在一次重要的行业会议上，有位经理人做了发言。作为领导，他备受尊敬；可作为演讲者，他的声音却让人难以接受。以前，即使是在发挥最好的时候，他的声音听起来还是很单调；而在发挥最差的时候，说他"五音不全"也不冤枉。这次演说好像也不会有奇迹出现。

然而，有趣的事情发生了。他在一开始讲述了一个关于自己的故事，声音突然起了变化。原本平淡的演说融入了鲜活的色彩与激情。

关于该如何演讲，这个经理人获得了一个简单的解决方案，就是把演讲内容当成一个大故事来讲。"讲故事"而非"做演讲"，使他得以展现出真实的自己，并且让说话变得更加自如。

说来也奇怪，许多人竟然认为，平淡的演讲是权威性的表现。为了表现得有条理，他们执著于那种干巴巴的、生硬的"领导人式发言"，言语间全无任何感情。他们错误地认为，在演讲中带上个人色彩和表情会让自己看上去十分做作。却不知道，单调的声音只会使听众昏昏欲睡。

那么，我们的耳朵愿意听到什么样的声音呢？想象你正在听两段不同的音乐，第一段有4个音符，第二段有12个音符。哪一段音乐能更持久地吸引你？当然是后者，因为它变换丰富。人的声音也是一样，声音越丰富多彩，变化越多，就越能抓住听众的注意力。

我们中的大多数人，说话时声音多少会有些变化。但区别演讲者优劣的关键在于，单调的演讲者没有充分地变换语调，也就是说他没有注意音调的抑扬顿挫，从而让听众觉得十分乏味。

就拿格林斯潘和克林顿来做个对比。前者的声音听上去十分平淡、缺少变化，后者则很有表现力，语调变换也很丰富。在演讲中，让你的声音多一些高低起伏，不但会显得更加有说服力，而且也更能表明你会对自己所说的话负责。

具体的做法是：说到最关键的信息时，改变音调。通常，用来限定或描述事物的词语，如形容词、副词和行为动词，最好加重语气。如果你还不习惯抑扬顿挫地来说话，就必须得多使用高音，来获得最佳效果。

**接受系统的训练**

当然，即使是颇富魅力的演讲者，在某些特定情况下也可能会失去光彩，比如当他们极度疲劳时。因此，历经一趟漫长的空中旅程后，在讲话时要格外注意让自己的声音充满弹性，至少这样听上去能显得愉快、有活力。毕竟，没人会愿意听到经理疲惫不堪的声音。

重复相同的内容也会让演讲变得无聊、沉闷。想想那些百老汇的演员，他们总在重复着一成不变的台词，日复一日，年复一年。但是，他们每一次都必须唱得悦耳动听！他们是怎么做到的呢？从某种程度上来讲，他们把工作当成了一个游戏。首先，他们大量应用声线的变化。其次，他们不断尝试不同的音调。因此，几乎没有哪两场演出是完全相同的。由此可见，变换音调能使演讲内容听上去更具新意，更像是即兴发挥的。

此外，当你需要讲述复杂的或者技术性的内容时侯，也要充分利用你的声音。许多演讲者认为，使用技术术语能够给听众留下较为深刻的印象。这种想法很好，但如果使用不当，这些术语反而会让演讲变得枯燥乏味。

有一位执行董事，她遇到过这样一个问题。每天快下班时，她的声音就

231

会变得很粗糙、沙哑,无奈之下,她求助了专业的培训师。于是培训师给她制订了每日的声音训练计划。可她却惊讶地叫起来:"每周五天,每天我都要不停地说上好几个小时,可为什么我的声音并没有变得更有力呢?"

答案在于,她不可能仅仅通过平时的说话来练就洪亮有力的声音。日常说话是无法和正规的训练相比的,要练就洪亮、有力的声音——这种声音能够引起别人的注意,帮你赢得他人的尊重——你就需要接受系统的发声训练。

多长时间后你的声音就能够得到明显改善呢?这取决于你愿意付出多大的努力。你得培养自己对挖掘声音的极致潜力的渴望与动力,不要满足于达到最低标准。毕竟,你的声音听起来越悦耳,你可以获得的机会就越多。最后请记住,无论这是否公平,在你的个人生活与职业生涯中,人们总是通过你的声音来评判你的人。

# 3.说话真诚,最能打动人心

发嗲发得如林志玲也是一种成就和能力,但是如果你不能让嗲成真,就不要弄巧成拙地东施效颦,也不要为了优雅而故意拿腔捏调,不真实的东西是不会持久的,地球人都知道没有什么的人才会拼命装什么。女人只有用一颗真诚的心与人交往,才能换来彼此的心灵相通,驱除人为的隔膜,坦诚以待。真诚是一笔宝贵的财富,拥有这笔财富的女人将是这个世界上活得最自在的人,同样,女人的语言魅力源于真诚。

从米歇尔的谈吐之间我们可以看出,她是一个个性健康的明亮女人,因为不论在任何场合她都真挚到诚恳，从不矫情、造作。比如总统竞选期间，她形容丈夫在华盛顿的住所是一间容易着火、"可以吃比萨"的小公寓，每次她去看奥巴马，都得一起去住宾馆。记者问她："那以后白宫呢？"她坦然而眉飞色舞地感叹："白宫真的是太美了，是那种让人产生敬畏的激情的美。在那里走一圈之后，感觉能住在那里真是一种上天的赐予、一种荣耀。"一般选民会觉得，希拉里离自己很远，这也是克里和戈尔等人的政治宿命，都给人疏远感，也让选民厌倦，这种感觉说好听一点是"远"，说难听一点是"假"。而与太太情趣相投的奥巴马给人感觉是那么真实而亲近。当然，这与他太太的感性影响与渲染有关，她是第一个爆料自己丈夫不会整理床铺的第一夫人，这些小细节为奥巴马平添了几分人情味。

米歇尔基本不谈政策纲领，而是打人性牌，大谈奥巴马睡觉鼾声大、早上起床时口臭到女儿不敢接近等趣事。即使夫妻一起上电视做节目，她也是可以谈笑风生，彼此打趣，不时自然而然地显露出淳朴、单纯的一面，总之，尽显"不装"的率真性格。而奥巴马也是理性与感性的统一，他既有很强的感染力，也有很强的自控能力。奥巴马所说的"人话"，几乎听不到八股文的味道，最重要的是，他与夫人一样没有故意掩饰自己，或故作神秘状。记者问："获胜后，太太说了什么？"奥巴马幽默地说："她说'那你明早上还送女儿上学去不啊？'"第一夫人听后大笑："我没说，我可没这么说啊！"夫妇俩眼神里交流的感情，默契而生动。这样简单真挚的语言，其实是最能打动人心的。

女人讲话时如果只追求外表漂亮，缺乏真挚的感情，开出的也只能是无果之花，虽然能欺骗别人的耳朵，却不能欺骗别人的心。

人与人交谈，贵在真诚。有诗云："功成理定何神速，速在推心置人腹。"只要你在与人交流时能捧出一颗恳切至诚的心，一颗火热滚烫的心，又怎能不让人感动？怎能不动人心弦？白居易曾说过："动人心者莫先乎于情。"炽热真诚的情感能使"快者掀髯，愤者扼腕，悲者掩泣，羡者色飞"。

说话不是敲击锣鼓，而是敲击人们的"心铃"。"心铃"是最精密的乐器。

233

因此，成功的女人总是能用真挚的情感、竭诚的态度击响人们的"心铃"，并刺激之、感化之、振奋之、激励之、慰藉之。对真善美，热情讴歌；对假恶丑，无情鞭挞。让喜怒哀乐，溢于言表；使黑白贬褒，泾渭分明。用自己的心弦去弹拨他人的心弦，用自己的灵魂去感染他人的灵魂，使听者闻其言，知其声，见其心。

由此可见，真诚的语言，不论对说者还是对听者来说，都至关重要。说话的魅力，不在于说得多么流畅，多么滔滔不绝，而在于是否善于表达真诚。最能赢得人心的女人，不见得一定是口若悬河的女人，而是善于表达自己真诚情感的女人。

心理学家认为，人际之间存在"互酬互动效应"，即你如果真诚对别人，别人也会以同样的方式给予回报。一声"谢谢"，看似平常，却能引起人际关系的良性互动，成为交际成功的促进剂。

如果一个女人能用得体的语言表达她的真诚，她就能很容易赢得对方的信任，与对方建立起信赖关系，对方也可能因为喜欢她说的话，而答应她提出的要求。能够打动人心的话语，才可称得上是"金口玉言"、"一字千金"。

说话是一个传递信息的过程，所以要提高自己的说话水平。增强自己的语言魅力，并不完全在于说话者本人能否准确、流畅地表达自己的思想，还在于她所表达的思想、信息是否能为听众所接受并产生共鸣。也就是说，要将话说好，关键还在于如何拨动听者的心弦。

在生活中，有些女人总是长篇大论甚至慷慨陈词，可就是难以提起听者的精神；而有些女人仅寥寥数语，却掷地有声。这是为什么呢？

很简单，后者能了解人们的内心需要，能设身处地地站在对方的立场，为对方着想。因此她们的话总是充满真诚，也更容易打动人心。

真诚的语言虽然朴实无华，但却是最感人的。有家电视台播放过一个节目，中国女足在一次比赛中获得较好的名次，记者问运动员："你们得了亚军后心情如何？你们是怎么想的？"其中一名运动员不假思索地回答道："我想最好能睡三天觉！"

这样的回答让人有些出乎意料，但它质朴，没有任何修饰成分，顿时引起了全场一片赞许的笑声和掌声。如果这位运动员"谦虚"一番，讲一通"我们还有很多不足"之类的话，可能就没有如此强烈的反响了。

情深，才可惊心动魄。语言真诚，即使是几句简单的话，也能引起听众的强烈共鸣。

# 4.善于赞美，让别人更喜欢你

喜欢听好话、受赞美是人的天性之一。每个人都会因为来自社会或他人的得当赞美，而觉得自己的自尊心和荣誉感得到了满足。当我们在听到别人对自己的赞赏，并感到愉悦和鼓舞时，不免会对说话者产生亲切感，从而使彼此之间的心理距离缩短、靠近。人与人之间的融洽关系就是从这里开始的。

美国哲学家约翰·杜威说："人类最深刻的冲力是做一位重要人物，因为重要的人物常常能得到别人的赞美。"林肯的相貌算得上是百里数一的丑陋，但他却知道赞美的重要性，他曾以这样一句话作为一封信的开头："每个人都喜欢赞美的话，你我都不例外……"

法国的拿破仑，具有高超的统率和领导艺术。他主张对士兵"不用皮鞭，而用荣誉来进行管理"，他认为一个在伙伴面前受了体罚的人是不会为你效命疆场的。为激发和培养士兵的荣誉感，拿破仑对每一位立了战功的士兵，都加官晋爵，授旗赠章，还在全军进行广泛通报宣传，通过这些赞扬或变相的赞扬，来激励士兵勇敢地去战斗。

因为是人，因为有廉耻心，所以我们都希望能获得别人的赞美，而不喜

235

欢遭受别人的指责和批评。

赞美如煲汤，火候是关键。赞美对方恰如其分，恰到好处，会让对方感到很舒服；但赞美得多了，会过犹不及，使得赞美没有新鲜感，而且会让对方吃不消。

真正的赞美大师，非常懂得在赞美时控制好火候，将强弱分寸都拿捏得很得当，张弛有度，收发自如。物以稀为贵，就像一道人间美味，如果你给对方一些品尝品尝，他会觉得味道美得难忘。但如果给多了，让他吃得撑了，他也会难忘，只不过是想吐的难忘。

从古到今，奉承话人人会说，也大都说过，换句话说，人人都做过奉承拍马的事情。但如何做到"拍马马不惊"，却是很不容易的事，弄不好，就有言过其实的"拍马屁"之嫌。

优雅的女人也是要说奉承的语言的，因为这对人际沟通、维系良好的关系会产生重要的作用。优雅的女人在说奉承话的时候，会让人听了舒服，而且自己也不降低身份。

若想做到这一点，你必须掌握下列技巧。

首先，对于初次见面的人，最好不要一味地将对方的人品、性格或是身材的苗条等作为奉承的对象，试想，一位原本已经为身材消瘦而苦恼的女性，在听到别人奉承她苗条、纤细时，又怎么会感到由衷的高兴呢？比较稳妥的做法是称赞对方过去的成就、行为或所属物等看得见的具体事物。如果你贸然奉承对方说"你真是个好人"，即使是由衷之言，对方也容易产生"才第一次见面，你怎么就肯定我是好人"的疑问。因此，最好是称赞与对方有关的事情，比如颇有特色的装束和饰品的选择等。

滥戴过重的高帽也是不明智的。两个人交流时，你更多的时候不要轻易地正面表态，保持一份矜持下的端庄和从容。在一种"天知地知你知我知"的情况下，将高帽巧妙与人戴上，很多时候，既可以防止女性在公关交际中抹不开面子，同时，也让对方心领神会，还不容易被他人识破，而产生不快的感觉。

严小姐是新来的秘书，可谓深谙秘书之道。最近公司出内刊，总经理非常重视，常常亲自校核，每校出一个差错来，便觉得是做了一件了不起的事，心中很是痛快。

她为了迎合总经理的这种心理，就在抄写给总经理看的书稿中，故意于明显的地方抄错几个字，以便让总经理校正。这是一个奇妙的方法，这样做比当面奉承他学问深，收到的效果会更好。

严小姐工于心计、头脑机敏、善于捕捉总经理的心理，总是选取恰当的方式，博取总经理的欢心。她还对总经理的性情喜好、生活习惯，进行细心观察和深入研究，尤其是对总经理的脾气、爱憎等了如指掌。往往是总经理想要什么，不等总经理开口，她就想到了，有些总经理未考虑到的事情，她也安排得很好，因此，她很受总经理的喜爱，很快就被提拔为部门经理。

严小姐的奉承之术高在两点：一是知己知彼，给了总经理表现的空间；二是让对方浑然不觉却全身舒坦，因为她做得无声无息，不留痕迹。

一般来讲，女性在被人指责说"你要改掉什么什么缺点"时，她们甚至觉得自己的全部人格都遭到了否定，很容易反抗或哭泣。但如稍加称赞，她们便神采飞扬，变得非常积极。如想纠正女性的缺点，不要直接指出缺点而要称赞她的优点，这一点非常重要。如此一来，她们便能更加发挥优点，同时也改掉缺点。

某超市的时装专柜，有一段时间曾经收到许多客人的投诉书，指责售货小姐服务态度不佳。专柜主任的解决方式真是与众不同，而且效果惊人。他没有指责那些售货员反而大肆赞扬，他对那些被客人指名的售货员说："有客人称赞你服务亲切，希望你今后继续努力。""有客人说你很有礼貌。"这么一来，她们的待客态度便大为改变，笑脸迎向任何客人，业务也蒸蒸日上。

这种为委婉指责而做的高帽,对于奉承女性有其特有的优势。面对女性同胞,她们可以尽情地撒开想谈的工作故意不谈,悄无声息地将奉承隐藏在服装和化妆品等的追问中;对于男性,她们的奉承在异性相吸中又多了一分本来的真诚,妙用之,优雅的女人,就能在公关交际场合左右逢源。

很多人不知道怎么去赞扬别人,偶尔称赞别人一次,就跟半路杀出个程咬金似的,让对方毫无准备,不知道是怎么回事。赞美是一门艺术,合理的赞美有6个前提条件:

**(1)要有根有据,不能言不由衷或言过其实**

赞美要有根有据,如果言不由衷或言过其实,对方就会怀疑赞美者的真实目的。

**(2)要雪中送炭,不要锦上添花**

最有效的赞美不是"锦上添花",而是"雪中送炭"。最需要赞美的不是那些早已扬名天下的人,而是那些自卑感很强的人,尤其是那些被压抑、自信心不足或总受批评的人。他们一旦被人真诚地赞美,就有可能使尊严复苏,自尊心、自信心倍增,精神面貌从此焕然一新。

**(3)内容要具体,不能含糊其辞**

赞美要具体,不能含糊其辞。含糊其辞的赞美可能会使对方混乱、窘迫,甚至紧张。赞美越具体,说明你对他越了解,从而拉近人际关系。

**(4)要恰如其分,不能掺一点水分**

恰如其分就是避免空泛、含混、夸大,而要具体、确切。赞美不一定非是一件大事不可,即使是别人一个很小的优点或长处,只要能给予恰如其分的赞美,同样能收到好的效果。

**(5)要把握时机,不要拖延**

赞美别人要善于把握时机,因为赏不逾时。一旦发现别人有值得赞美的地方,就要立刻挖掘出表扬的道理当众表扬他,不要拖拉,也不必非要积累到一起,等到时机恰当时再表扬。事情就是这样,当其他人看到某人的成绩或优点时,嫉妒心便会萌发,为寻求心理平衡,他可能就会寻找攻击对方的理由，所以赞美"留到以后再说"，难度可能更大。

**(6)要真心诚意，不能虚伪**

有的人在赞扬别人时，只想着树立自己个人的威信，收买人心，实际上并没有表现出欣赏的诚意，无论是被表扬者，还是其他人都像被猴耍一般，这样的赞美根本不起作用。所以赞美要表示出真心诚意。

富兰克林说："诚实是最好的政策。"聪明的领导在表扬下属时，最好的方法就是要真诚。

# 5.在谈话中避开这些"暗礁"

在我们的生活中，并不是所有的话题在任何时间、任何地点都适合拿来公开谈论的，因此，要想在社交场合中建立起良好的口碑，赢得好人缘，你必须知道下面几个谈话的禁忌，从而在谈话中避开这些"暗礁"。

**(1)不熟悉的人不讨论衣服价格等**

与不熟悉的人交谈时，不要问对方衣服的质量、价格，首饰的真假等。如果在社交场合问及对方这些问题，会使人难以回答，甚至陷入难堪的境地。

**(2)社交场合话题要高雅**

社交场合不宜以荒诞离奇、耸人听闻、黄色淫秽的内容为话题，也不要开低级庸俗的玩笑，更不能嘲弄他人的生理缺陷，那样只会证明自己的格调不高。

**(3)别把自己的隐私拿出来大谈特谈**

虽然说在与人交往时，适当的自我暴露可以拉近与对方的距离，但你的话题如果一直围绕着自己的隐私，就可能会引起对方反感，让人觉得你是一

239

个没有分寸的人。

**(4)不要提及别人的伤心事**

不要和对方提起他所受过的伤害。例如,他离婚了或是家人去世等。若是对方主动提起,则需表现出同情并耐心听他诉说,但请不要为了满足自己的好奇心而追问不休。

**(5)如果不是幽默,请终止**

幽默是我们所提倡的,但也并不是每个人都会幽默。如果你的幽默言语经常让别人捧腹开怀,那么请继续,可如果你的幽默会让别人铁青着脸离开,那就最好打住。

**(6)不要随便评价别人**

如果你实在忍不住要谈论谣言,去找你最贴心的朋友,不要向一个陌生人谈论他完全不感兴趣的话题。爱传播谣言的人往往以为每个人都和他一样喜欢评论别人。

**(7)别总盯着别人的健康状况**

有严重疾病,如癌症、肝炎的人,通常不希望自己成为谈话的焦点。不要做个大嘴巴,一看到大病初愈的人回来工作就大声昭告天下:"老李,你的肝病治好了?"这样你会成为对方最想"痛揍"的人。

**(8)让争议性的话题消失**

在涉外场合,一般不要谈论当事国的政治问题,除非你很清楚对方的立场,否则应避免谈到具有争论性的敏感话题,如宗教、政治、党派等,这类话题一旦谈不好,可能会引起双方对立僵持的局面。另外,对某些风俗习惯、个人爱好也不要妄加非议。

**(9)不要询问别人的隐私**

要记住,"男不问收入,女不问年龄"是社交中最应该注意的。与女士交谈时,也不要论及对方的美丑胖瘦,保养得好与不好等。但在社交场合,有时对对方,特别是女士的衣服、发型、气色表示真诚而适度的称赞,不在此列。

**(10)要杜绝在背后说他人的短长**

与人交谈时不说他人的坏话，也不传闲话，这不仅是礼仪的需要，也是交往成功的保证。富兰克林在谈到他成功的秘诀时曾说："我不说任何人的坏话，我只说我所知道的每个人的长处。"背后对人说长论短，这是最令人厌恶的事情。

# 6.优雅谈吐，掌握话题主动权

如何找一个让对方感兴趣的话题呢？这就要看你平时的积累了。一个女人，只有拥有了深厚的内涵、广泛的知识，才能让别人对你的谈话更有兴趣，并且在与人聊天的时候，才更容易找到合适的话题。

朱敏是一个化妆品推销员，平时比较喜欢看书，各种类型的书都喜欢看，各个学科也都喜欢研究一下，甚至连佛经、周易等都看过一些。这些书籍极大地开阔了她的视野，让她了解到非常多的知识。所以，无论与什么样的客户聊天，她都能找到话题，并且话也总是说得头头是道，很让人信服。

有一次，朱敏带一位新来的推销员万菲去拜访客户，她想让万菲得到更多的锻炼机会，便让万菲一个人去和新客户沟通。

但是，在与客户谈话的过程中，万菲总是谈到一半就没有了话题，刘她所推销的产品，客户更没有兴趣。这让万菲感到非常郁闷，于是她便跟着朱敏，看看她到底有什么技巧，可以把自己的产品推销给客户。

一个星期下来，万菲发现，朱敏在去拜访客户的时候，通常不是上来就提自己的产品，而是先和客户一通天南地北地聊。她还发现，朱敏好像天文地理

241

什么都懂，在与客户聊天的时候，无论是什么人，她都能找到他们感兴趣的话题。等到聊得高兴了，她便适时地把自己的产品推介给客户。

现在万菲终于明白了，原来朱敏之所以能和客户聊得投机，是因为她知识面非常广。

在与人聊天的时候，如果你肚子里有"货"，别人聊到什么你都能"接招"，那么你们之间的话题自然就多了。女人是否会说话，与说话的技巧有关，更与自己掌握知识的多少有密切关系。肚子里没有多少知识的人，在与人交谈时，便只能局限在某个很小的范围里，一旦对方对你的话题不感兴趣，你就没有更多的题目与之交谈了。

相反，若你平时就积累了各方面的知识，比如体育、政治、军事、旅游，等等，那你再在与人聊天时，即便在某个话题上卡壳了，你也可以非常轻松地就转移到另外一个对方有兴趣的话题上。

一个女人要想让自己与人谈论的话题源源不断，那么掌握各方面的知识就非常必要，并且广博的知识也能使你的谈话幽默机智、妙趣横生，容易感染人。

## 7.说话时的表情、语气、语调很重要

社交中与陌生人初次见面，要想赢得对方的好感，女人说话时的表情、语气、语调都非常关键。

你语言里所表达的到底是同情、关心、厌恶、鄙视、信任、尊重、包容、原谅、排斥、愤怒、反感、欣慰，等等，都会暴露在你的面部表情上以及说话声音

中。因此，我们说话的时候，不仅仅要在语言的内容上下功夫，也要在表情、语气、语调上多注意。

有一次，索亚邀请魏岩去参加一个朋友举办的联谊会，会场里没有魏岩认识的人，于是索亚便逐个把自己认识的朋友都介绍给她。索亚介绍了一位自己曾经多次在魏岩面前提到过的男士，魏岩心想：这便是我心里一直幻想的白马王子形象：眼神忧郁、说话语气低沉、喜欢音乐……所有的特点都是她喜欢的。

男士也曾听索亚提到过魏岩，知道她是一位摇滚音乐爱好者，并且还是一个文学爱好者，于是男士主动过来和魏岩聊天。

男士说："魏岩，认识你很高兴。"

魏岩还没做好心理准备，因此有些紧张。

"你好！"魏岩说，但是在心里却开了小差，她想，如果她能赢得男士的好感就好了。

男士："听说你喜欢音乐？我原来在学校经常给校乐队写歌。"

"是吗？"魏岩想说什么，但是又被自己憋回去了，她害怕自己说错话，给对方留下不好的印象。

……

这样聊了一会，期间，魏岩不是用目光四处寻找索亚，希望她过来缓和一下她的紧张心理，就是心里紧张，表情和语言总是跟不上。

男士觉得魏岩是个心高气傲的人，可能对自己根本就没有兴趣，因此说话总是心不在焉，于是很礼貌地找了一个借口离开。

魏岩感觉非常遗憾，原本遇到了一位自己心仪的男士，却被自己错过了。

女人的感情是非常敏感、细腻的，如果善于运用语调、语气，在交流上会为说话的内容增加分量，但是如果把握不好，也会让你更快地失去机会。

一个女人的眼神可以准确地反映她的思想态度。在某种情况下，眼神是

243

最佳的辅助说服方法,它能抵得上千言万语。在使用眼神时,视线的方向、注视的频度以及目光接触的时间长短都要适度。目光接触的时间长短,能反映出与对方的亲密程度。

并且,作为语言辅助工具的语调、语气,也能起到和表情同样的效果。比如,妥帖而又富于变化的语言声调,能够增强言语信息的明晰度,所以声调也是交流的重要辅助手段。

一个会说话的女人,会通过自己的语气和语调来向对方传达自己的感情,以此让表达更具感染力。比如,跟对方谈论起愉快的事情时,就应该使用明快而爽朗的声调;跟对方谈论起忧伤的事时,就应该使用低沉缓慢的声调;同对方辩论问题或鼓励对方时,就应该使用比解答问题和安慰对方时高出一倍或几倍的嗓门儿。这样轻重抑扬相结合,才便于你表达丰富多彩的内心世界,抒发真实情感。

语言声调,主要体现在五个方面:速度——就是说话的快慢;音量——就是说话声音的大小;音高——就是声音的高低;音变——就是声音的变化;音质——就是声音的和谐度。

因此,只要你在说话时把握好这几个方面,再结合表情、表达的内容,那么你说出的话就会讨人喜欢。

# 8.适时幽默一下,你就会成为最受欢迎的人

现在,越来越多的观众喜欢看"聊天"、"脱口秀"类节目,也有越来越多的此类节目脱颖而出,深受观众喜爱。但并不是每个主持人都适合主持这类节目的。我们发现,但凡深受观众喜爱的节目的主持人都是思维敏捷,反应

快捷,感情丰富,对答也是或幽默,或调侃,或弥补对方表达语汇的不足。尤为重要的是,主持人的表情应随着"聊天"的内容而变化,或皱眉,或大笑,或沉思,把自己的感情融合进去,以引起对方和观众的共鸣。有些主持人比较呆板,与观众的互动总是调动不起来,整个节目看起来像是一场审判,这就是交流的失败。

女人也是如此,要学会幽默,让交流更生动有趣。而要成为一个受欢迎的女人靠的就是智慧,幽默就是智慧中最大的力量。幽默可以淡化人的消极情绪,消除沮丧与痛苦。具有幽默感的人,生活充满情趣,许多看来令人痛苦烦恼的事情,他们却应付得轻松自如。可见幽默具有多么强大的魔力!

在音乐厅里,主持人走上舞台时发现台下的观众才不到五成,他有些失望,但他还是很快调整好了情绪,恢复了自信。他走向舞台的脚灯对听众说:"这个城市一定很有钱。我看到你们每个人都买了二三个座位票。"音乐厅里顿时响起一片笑声。为数不多的观众立刻对这位主持人产生了好感,也开始聚精会神地欣赏接下来的音乐剧。

人们常有这样的体会,在紧张的氛围中,在严肃的场合中,在陌生的人群中,一句幽默话,一个风趣的故事,就能使人笑逐颜开,迅速拉近彼此之间的距离。美国一位心理学家说过:"幽默是一种最有趣、最有感染力、最具有普遍意义的传递艺术。"

每个女人都想成为人际中的开心果,可怎样才能学会幽默,成为一个有幽默感的女人呢?这几乎是人人都关心的问题。在培养幽默细胞之前,我们有必要先来了解一下幽默的注意事项,因为稍有不慎,幽默就可能成为麻烦的替身。

(1)要内容高雅。幽默内容粗俗或者不雅,也能博人一笑,但过后就容易让人感觉到乏味无聊和反感,从而损害幽默者的形象。

(2)要态度友善。幽默的过程是情感互相交流传递的过程,以挖苦对方、

245

发泄厌恶为目的的不能称为幽默。也许别人不如你口齿伶俐,但这样的"幽默"只能给人留下不好的印象。幽默从友善的角度出发,既能达到调节气氛的目的,又可以体现出自己的风格和善意。

(3)要注意场合。在庄重、严肃的场合,幽默要注意分寸,否则会引起反感甚至招惹来麻烦。同时还要注意,因为身份、性格和心情的不同,人们对幽默的承受能力也有差异。同样一个幽默,不同的两个人说出来,可能会有截然不同的反应。一般来说,晚辈对长辈,下级对上级,男士对女士,要慎重使用幽默,即使是同辈之间,如果对方性格内向敏感,幽默也要慎重,或者他平时性格开朗,但你恰好碰到他不愉快的时候,也不要随便幽默。

(4)幽默还要把握好"度"。分清楚场合和对象,不能用低俗的笑料、恶意的模仿以嘲笑弱者或负面的角度来表达幽默。此外还应避免使用有关宗教、种族、政治、两性、对方所在行业不光明的前景以及其他可能让人不愉快的素材。

歌剧《刘三姐》中,秀才说:"刘三姐,谁跟你讲天讲地的? 我们要讲眼前。"刘三姐:"讲眼前——眼前眉毛几多根? 问你脸皮有多厚? 问你鼻梁有几斤?"一句话把秀才问得哑口无言,一句话博得了所有人的热烈掌声。这就是用曲解的方法达到了幽默的效果。

有一次,电视购物频道的一位女主持人要给观众介绍一种摔不碎的玻璃杯,几次试镜都很顺利。不巧,正式播出时,杯子竟然摔得粉碎。该女主持人镇定地说:"看来发明这种玻璃杯的人没有考虑我的力气。"幽默的语言,一下子使自己摆脱了窘境,并化解了杯子不结实的误会。

平时还要多看些幽默的书籍,培养幽默感的最佳方法就是欣赏别人的幽默。正所谓"熟读唐诗三百首,不会做诗也会吟"。见得多,听得多了,骨子里的幽默感自然也就多了。学会幽默,适时地幽默,你就会成为最受欢迎的人。

# 9.掌握一些聚会上的聊天技巧

聚会不仅仅是指那些比较正式场合的宴会或者舞会，还包括平时参加朋友的生日派对，节假日朋友的聚会，平时几个老朋友的小聚，等等。这个时候，聊天就成了彼此沟通的主要方式。

不要以为聊天就是没有顾忌的瞎侃，有些女人围绕一个话题自己说得兴高采烈，别人却没有兴趣；有些女人大声地说笑，引人侧目；有些女人哪壶不开提哪壶，结果弄得对方尴尬万分；有些女人干脆"沉默"到底，从始至终只是漠然地听别人说……

聊天也是需要技巧的，它需要一个有趣的话题，营造一种轻松热烈的氛围，使得宾主尽欢。

很多女人在聊天这件事情上最容易犯的错误，就是一见面就从对方所从事的工作谈起。她们以为与医生谈开刀，和运动员谈打球，和商人谈生意经，乃是"天经地义"的事情。却不知道，他们每天从事自己的工作，已经有了厌倦的心理，你再盘根问底，只会让对方产生逆反心理。要知道，在业余时间里，他们都希望跳出自己的工作圈子，去接触一些新鲜的信息。

那么，究竟谈论哪些话题才是最好的选择呢？除了平时多读书、看报、关注新闻，以增加自己各方面的常识，以下几点建议也可以帮助你增进聊天的技巧。

（1）选择聊天的话题应该是最近比较热门的，最起码也要是大家知道的。如果你所谈的人物或者事件，大家根本就没听说过，必然不能引起大家的兴趣，也会因为无从"插嘴"而觉得无聊。

（2）聚会的时候，不能一味沉默，也不能站在一个地方不动，那样会给那些"无聊分子"可乘之机，抓住你大谈特谈他的得意事情。你最好到人群聚集

247

的地方去,听听他们在谈些什么,这样你也有机会发表你的意见。等到有趣的话题谈得差不多的时候,再找个借口离开,另寻聊天的对象。这种游击式的方法,很容易找到真正可以聊天的对象,也可以认识许多朋友。

(3)如果是家庭式宴会,就需要坐着聊天。这时,你需要注意的是不能冷落任何一个人,你有"义务"和左右及对面的人聊天。还要注意,要学会转换话题,或者延续话题,以避免在菜还没有上完的时候出现冷场。

一位女士非常懂得聊天的技巧。她和初次见面的女士聊天,用的都是同样的一套:"你戴的这串项链(或手镯、戒指)真漂亮,是别人送的,还是……几乎没有一次例外,被她问到的女士都乐意诉说得到"这串项链"的故事。于是,在叙述的过程中又"无意"地引出了更多其他话题。

(4)记住,每一位男士都喜欢听到别人说他很风趣,就像每一位女士都喜欢别人称赞她很漂亮一样。因此,在聊天的时候,要善于发现对方的优点,并大声地说出来,这样,对方聊天的兴致就会高得超出你的想象。

(5)适时地终止一个话题。你不可能就一个话题从聚会开始讲到结束,就算你自己不觉得厌烦,别人也不一定受得了。尤其是当你发觉听众已经不耐烦时,最好赶快闭嘴,听听别人的高论,千万不要硬撑下去。

# 第十章

 **以优雅完胜,女人你要美丽到老**

# 1.颠覆认知,有趣的女人更受欢迎

你是一个精彩的女人吗?

有人采访李银河,说起她当年嫁给王小波的事,李银河说:"嫁给他是因为他有趣,人生如此短暂,有趣是多重要的事啊!"

说得好,有趣多么重要,在过日子时,它比房子、车子、票子更实惠、更贴心。《超级访问》的男主持戴军在谈到他的搭档李静时讲了下面一番话:"她选择做一个有趣的女人,做个有趣的女人会让身边的男人如沐春风。"

如沐春风,这个词用得好,这种感觉不是随便一个女人能带来的,甚至它跟美貌、学识、教养都无关。只是有趣。

戴军讲了这样一件事用以佐证:

有一天,李静小姐在家里相夫教女,她看着电视上日日都在PK的节目,觉得实在无聊,就对她先生说:"我们也在家里PK一下吧。"她先生疑惑地看着她。

李静说:"我们在客厅里放个箱子,然后问女儿,你喜欢爸爸还是喜欢妈妈? 输了的那个就拉着箱子哭着说:'虽然我被PK掉了, 虽然我要离开这个家,但是,我还是要对你们说,我爱你们。'然后就走出门去。"

她先生冷静地看着李静,一分钟后说了一句:"神经病!"

但是我相信,没人在的时候,她先生一定会偷着乐,他娶了个多么好玩的太太,可以让一个平淡的午后变得这么有趣。

在日复一日的忙碌中,我们的生活好像也变得苍白起来,也不知从什么时候开始,我们竟然变得有些无趣,没什么理想,没什么激情,只是随遇而安。想一想，自己有多久没有兴致勃勃地去晨练了？有多久没有去图书馆看书了？又有多久没有静静地听场音乐会，看场电影，学点新东西了？每天就是上班、下班、回家，能燃起激情的事情好像越来越少。你有没有问问自己，这就是你想要的生活吗？你的初衷是要这样无趣地生活吗？

媒体称鸠山幸是日本历史上少有的"五彩斑斓的第一夫人"。她精通园艺厨艺，自制彩绘玻璃，虽然年近七十，扭起腰摆起POSE来，卡哇伊程度不逊日本流行舞团的少女。在日本政坛，政客太太在人前大多扮演着温顺又保守的角色，不过，鸠山幸不在此列。她用自己的演艺事业，打造属于自己的光环。过去，在电视综艺节目里，你会见到她；在舞台上，你也会见到她。银幕里的她，从政治到心灵生活，无所不谈。鸠山由纪夫赢得大选一役中，她是重要"资产"。她的笑容，她的快语，为丈夫赢得不少分数。在首相丈夫的眼中，鸠山幸绝对称得上是一位"贤内助"，她不但是自己的"御用厨师"，还帮他打理发型、搭配穿着。鸠山由纪夫将妻子比作自己政治生涯的"奠基石"，他说："每次回到家，我都感到特别放松。她就像是个能源供应基地，总能让我充满能量。"

有趣的女人通常是充满激情活力四射的女人，跟她们在一起总不会缺少欢声笑语，即便生活有不顺心的地方，也往往会被她们的轻松幽默淡化掉。她们就像生活中的磁力场，让人不由自主地聚集在她们身边。有不少的女人认为，只有外貌好的女人对男人才有吸引力，事实上并非如此，大多数的男人都更喜欢和有趣的女人交往。他们喜欢用一种平等的眼光看待女人，也喜欢动用他们的智慧，以一种有趣的方式跟女人们较量。看看我们的周围，无数的人在忙碌着，在追逐名利，却常常忽略了自身的精彩。有这样一个女人，刚刚三十出头，就已经是一个重要部门的负责人了。她在工作上非常能干，常常一身职业装英姿飒爽地出现在大家面前，永远是都那么沉着和冷静的。她也有一个和睦的家庭，尽管工作非常忙碌，她还是有能力把自己家里的方方面面安排得井井有条，甚至亲戚的迎来送往，也做得无可挑剔。她在事业、家庭方面都很成功，是一个让其他女人都很羡慕的女人。可是，别人虽觉得她人很好，能力很强，做事面面俱到，却从来不觉得她是一个精彩女人。和她见面之后，寒暄几句，然后就不知道再聊些什么话题了。

我们身边总有一些这样的女人，她们让人无可挑剔，是名副其实的好女人，可是我们从来都不会觉得她们是精彩的女人。一个精彩的有趣的女人，在我看来，是有广泛的见识的，虽然对很多东西不见得精通，但是无论和她说起什么，她都懂得，而且有自己的一番见解，和她聊天，你会觉得有趣，并且总是能够找到共同的话题。她应该乐于尝试新鲜事物，并且热爱运动，从她的身上你总能感觉到一种朝气蓬勃的力量和积极向上的生活态度。她会安排好自己的生活，也总是会让自己的生活不那么一成不变，总有一点小新奇，你会好奇她怎么那么厉害，什么都懂得又总能让自己的生活精彩纷呈。她可以是老师、学生、商人、公司职员、记者、出租车司机或任何职业，这个女人独特的经历造就着她的丰富。每次你和她在一起的时候，都能得到一些新的想法和角度。也许是你和她截然相反的观点能碰撞出一些火花，也许是被她的幽默启发出了那么一点儿灵感。

当我们和这样的女人待在一起的时候，我们不会觉得烦、闷、无趣，她们总是能发现平常生活中的一些小情趣、小感动。这样的女人是聪明的，是有智慧的，这样的女人即使姿色平常也会给周围的人带来快乐，也会让自己的生活更丰富。尽管她们不够漂亮，也一定有很多男人被她们吸引。

有些女人常常抱怨生活无趣，了然无味，也常常羡慕别的女人的好际遇，可以过着有趣丰富的生活。然而她们只知道羡慕，甚至忌妒着别人的生活，却不知道为何自己的生活会如此无趣。这些女人，只要能够领悟到生活无趣的根源就是自身的问题，那么她们的生活状态也一定可以得到提升。

有一些女人总会觉得有趣离自己很遥远，其实谁都可以成为一个有趣的精彩女人，只要她多花点心思在自己身上，并且把所想的付诸行动，就可以得到一个全新的自己。

做一个有趣的女人，将会有很多人喜欢你。而这些能让你变得有趣的东西，是需要静下心来，慢慢积累的。所以，不如放下没有艳绝天下的自卑感，做一个妙趣倾城的女人。

## 2.孩子气，童心不泯的女人不会老

想要当一个可爱的女人，童心是必不可少的要件之一。

即使你已经是个身居高职的女CEO，或者已经为人母也不再青春，但无论怎样，请还是尽量保持一颗童心，哪怕这点童心已经被身份、责任，或者是其他太多的东西压制、遮蔽，而成为你性格中很少的一部分。因为只有一个女人童心闪现的时候，才是她最真实，也是最具魅力的时候，而这颗像孩子般的纯真、善良和带着梦想的心也会为你带来很多学历、地位、金钱所不可及的幸福感。

真正的童心不是矫揉造作的"很傻很天真"。童心是生活的一种态度，是生命的一种境界，是对自我的无条件悦纳和关爱，是对生活、对世界的欣赏和热爱。保留一份童心，即使女人步履蹒跚、朱颜已改，依然会拥有洞察这世界的清澈眼睛，还有发自内心灿烂的笑容。下面就一起来看看女人的那些可爱瞬间吧。

**可爱瞬间之一：自由的心灵让女人悦纳自我**

我们习惯了成人世界的条条框框，但这也为我们的心灵戴上了枷锁，在潜意识中告诉我们什么是对错，但也许事实并非如此。有时候，我们喜欢自己，是因为别人称赞自己；我们对自己不满，是因为自己的行为违反了规矩。我们的心灵因为成人世界而变得不再自由。

心灵受到约束的女人很可能不能自如地表达自我。孩子们遇到开心的事情会笑，遇到悲伤的事情会哭。他们不会去介意周围世界的反应，只是在表达自己的情绪。相反，成人的世界就不一样，你可能渴望被别人理解，但你却不能自如地表达自己的情感。你会有很多顾虑，你心里想的是我"应该"怎么做，而不是我"愿意"怎样表达。

因此，向孩子们学习，在适当的时候为心灵打开枷锁，像孩子一样认同自己、喜欢自己、欣赏自己，从而快乐自己。

**可爱瞬间之二：欣赏的情怀让女人接纳他人**

孩子的心灵是宽广的，他们从不先入为主地对谁心怀芥蒂，也不会苛求自己和别人。然而在成人眼里，每个人呈现的形态就不一样了。成人总是难免戴着有色眼镜看待周围的人，容易因为一个人的某一个优点就全盘接受对方，也容易因为一个细微的缺点而全然否定。女人是敏感的动物，对人的感受尤为如此。出于自我保护，我们很容易怀着一颗戒备之心，戴上伪装的面具去与别人交往，这样可能就会错失了与人真诚相对的机会。

**可爱瞬间之三：好奇的眼睛让女人享受生活、丰富阅历**

心理学家对好奇的定义是，个体对新异刺激的探究反应。孩子的心灵是纯净的，他们拥有明亮的眼睛，并且对这个世界充满好奇。孩子们的"十万个为什么"常常让我们惊叹他们的想象力如此之丰富，好奇心如此之强烈。

每个女人的生活都应该是新鲜的、充满情趣的，而好奇心则会为你增添生活的乐趣，成为你快乐的源泉。在你和他人相处的时候，在你与自己的宠物在一起的时候，在你找寻美食小店的时候，在你试穿新衣服的时候，你不需要那么理性，你应该用你孩子般的好奇心去打量、探究这个世界，寻找属于你的快乐。如果一个女人对世界失去了好奇，那么世界也会对她失去好奇。千万不要让你的生活变成一潭死水，只有不断追求新鲜、美丽事物，女人才会不断提升自己。

**可爱瞬间之四：美丽的梦想给女人目标和享受达到目标的过程**

孩子最初的梦想总是多姿多彩的，而且通常是发自内心的，这些梦想也总是和追求美好、追求自由、追求幸福联系在一起。当一个女人有了梦想之时，她就应该努力去实现这个美丽的梦，并享受在达标过程中的乐趣。

你还记得儿时的梦想吗？你现在怀揣着什么样的梦想？也许在钢筋水泥的城市丛林中，你正期盼着骑上旋转木马；也许面对着每天来往相似的面孔，你希望得到多啦A梦的任意门，门一打开就到了另一个世界；也许面对着电脑屏幕和数字键盘，你希望去一个奇妙的异国他乡，来一次说走就走的旅行。

美丽的梦想不是孩子的专利，只要有梦，说不定哪天你的梦想就实现了呢！正因为现实总是从梦想开始的，所以梦想才那样可贵。

## 3.可以做贤妻良母，但别忘记做自己的公主

在我们母亲的那个年代，她们要勤劳，要忘我，要为丈夫儿子心力交瘁才算做到位。而时代发展到今天，女人们越来越意识到，只有在婚姻中保有自我的魅力、价值、兴趣和交际圈，才能更好地平衡家庭与自我的和谐。

对自己的珍爱与建设，也是爱他、爱家的一种方式。

过去，提起"一个已经结了婚的女人"，人们脑海里冒出来的形象通常是一个不事修饰，随便挽个发髻的女人；一个微微发福，穿裤子多过穿裙子的女人；一个一脸倦容，身上还带着厨房气味的女人。是的，这的确是曾经标准的主妇形象。

然而现在的女性，已经很难从外表上区分她到底是否已婚了，她们大多懂得了一个道理——爱自己，也是爱他的一种方式。

秦菲嫁人以后就成了专职主妇，每天的主要工作就是做做家务，逛逛街。老公工作繁忙，无暇顾及她的寂寞，朋友们又都要上班，也没有谁陪她消遣。秦菲越来越苦闷，觉得自己怎么就成了黄脸婆了呢？后来，在心理医生的帮助下，秦菲做了一个SOHO女人，整天既休闲又忙碌，不再有时间去关注老公的电话和脸色，结果倒成了老公经常关注她的行踪，欣赏她的新生活了。

有人把女人比喻成一本书或一所学校，但如果没有了新鲜的内容，那还有什么吸引力呢？所以，女性在关心家庭的同时，还应该多关心自己的事业发展、人格修养，让自己的生活充实起来。

一直以来，社会都把女性定位为勤勤恳恳、完全忽视自我的角色，为家、为老公、为孩子，甚至会为孙子，奉献出自己所有的精力、时间、注意力。似乎只有这样，她才算得上是一个合乎标准的"好主妇"。

男人们一直在这样要求女人，女人自己也这样要求自己，她们在日积月累的操劳中过早地生出了白发。

一定要把自己变成"黄脸婆"，才是一个好主妇吗？这是一条通往幸福的路吗？显然不是。

中国女人的共同毛病，就是都想做贤妻良母。就算放弃一切，也要做贤妻良母，似乎女人只有做到了贤妻良母才是真正的好女人。这样的观点，毁了一大批好女人。

相信每个女人结婚的目的，都是为了找个真心爱的男人相伴终生，认为这个男人就是自己此生的依靠。殊不知，依靠是要付出代价的，那就是尊严。当女人为结婚放弃自己的一切，全身心经营婚姻和家庭的时候，日常的琐事让昔日靓丽的面孔憔悴和黯然。男人对这个家做得贡献越少，他对家的感情就越淡，这是经济学里的爱情原则，一个人对另一个人投入得越多，他就会越在乎。

当一个女人满心欢喜地要做个贤妻的时候，她的结局最有可能是"贤妻"到"闲妻"再到"嫌弃"。

亲身见过一个事业发展很好的女同事，结婚后放弃一切专心相夫教子，结果3年后，她离婚了。该同事重新回到工作岗位时，说的第一句话就是："贤妻的结果是被嫌弃。"

女人做贤妻是为了爱老公，做良母是为了爱孩子，唯独没有做爱自己的计划和行动。

曾经看过一个很有名的帖子，叫"没有事业心的女孩很可悲"，说的就是一个做文员的女孩子，不好好工作，只想找个好男人嫁了，回家相夫教子。结果没有经济来源，失去自我，一切都指望老公一个人。

当经济失去依靠，心理失去依靠的结局就不远了，而心理一旦没有依靠，还指望有自我吗？若连自我也没有，生活的意义又何在呢？

做贤妻良母可以，但也不要忘记——每个女人原来都是自己的公主，好好爱自己是一辈子的事业。

如何爱自己？借用一段网络流行语的说法："要有三丽：美丽、能力、魅力；要有三美：形象美、语言美、心灵美；要有四立：思想独立、能力独力、交通独立、经济独立；不要当三瓶：花瓶、醋瓶、药瓶；不要三转：围着锅台转、围着先生转、围着孩子转。"

女人也许真的要像素黑说的那样："爱自己，做回你自己，成为你自己。"

"好好爱自己！"每个女人在伤痛过后，总会暗暗对自己说这么一句话。可是，话好讲，事难做，有多少人真正做到？有多少人真正知道如何做？

**（1）生活方面**

善待自己的脸。每个女人都要有一套昂贵且适合自己的护肤品，千万别舍不得钱，哪怕省吃几顿大餐，少买几件衣服，也一定要在面子上下足功夫。不要懒惰到连做面膜的时间都没有，要知道，懒惰是要付出惨痛代价的！

保持体态匀称。不要听信男人那些爱的是你的人格魅力，不是你的身材之类的鬼话，更不要放纵自己日益膨胀的贪吃欲望。女人，在保持身材方面，就要对自己狠一点，千万要管住自己的那张嘴。你可以不用像模特一样骨感，但起码要让自己衣服的尺码不要每年都加大。美食是吃也吃不完的，但

257

发福的身形和肥厚的赘肉，有可能会残害掉你的一切自信。尽量让自己瘦一点吧，要知道，当爱人搂住你纤细的腰肢时，心情非常舒畅的！

养成运动的好习惯。运动可以让女人精神百倍，面色红润，气色好，代谢正常。你可以成为健身房的常客，也可以成为户外运动的热衷者，最起码也要利用一切机会，多爬楼梯和步行。除了身体上的调理，健身房和户外运动可以让你有机会遇见心仪的帅哥，步行在街道，你会对这个你栖息的城市多一些认识。

掌握一种职业以外的技能。画画，唱歌，舞蹈，写作，摄影，乐器，书法……这些技能也许不能给你带来额外的财政收入，但是气质和修养上的财富，却是金钱买不来的。

学会烹饪。不为拴住男人的胃和男人的心，不为以后的贤妻良母打下基础，只为自己。如果你时常可以为自己烹饪出想吃的精致餐点，并且享受过程，那么你就是幸福的。

拥有一个奢侈品。不是宣扬物质和拜金，纯粹是为了爱自己。可以是LV的包包，可以是蒂凡尼的手链，可以是CUCCI的鞋子，哪怕是一支CHANEL的口红，这些东西不用很多，只要保证拥有个别就够了。因为大牌的品质和品位，是那些杂牌无论如何也无法比拟的。

每年进行一次远行。不管你是独行侠，还是结伴一族，旅行都是你计划中不能抹掉的一笔。去你想去的地方吧，背起行囊，城市已在远方，尽情投入到自然的怀抱，狠狠呼吸一下城市以外的空气，用灵魂和天地交流，尽可能让你的脚印落在地球上的每个角落。

每年做一次体检。原因就不说了，是女人都知道。

### (2)情感方面

爱自己的家人。家人是最不会背叛你的人，父母对你的爱，也是最伟大无私的。时光不再，他们在一天天变老，别等到他们躺在病床上奄奄一息时，才对他们说爱。孝顺，越早越好。

有可以信赖的朋友。知己不用多，一个就好。少跟那些聒噪肤浅的人混在一起，更不要见谁都跟认识十几年似的套近乎。有时候，把自己最窝囊、最颓废、最难以启齿的秘密与她分享时，她可以静静地听，然后给你一个拥抱，几句中肯的建议，就算你找对人了。

远离给你造成伤害的人。她伤害了你，不管是有意还是无意，都请你原谅她，并且远离她。伤害是一把捅进心里的刀，不管是深是浅，都会留下疤痕。远离了她们，就远离了被揭开伤疤，或者再次被捅进一刀的几率。

学会给自己泼冷水。很多时候，女人的伤害，源于自己的自作多情。其实，人家根本没有想骗你，都是你自己在骗自己。千万不要人家给你点阳光你就灿烂。人家说："我请你看电影吧。"意思是说"我最近没人陪，你陪我解解闷"，根本不是你想的"我希望和你享受二人时光"。张艾嘉说得好，一个女人如果不允许别人伤害自己，别人是永远也伤害不到她的。

学会简单。老跟自己较劲，累不累啊？芝麻大的事，反过来掉过去的想，有必要吗？天大的事，也要让自己在凌晨12:00以前进入梦乡。不管你如何纠结，第二天醒来，仍然是崭新的阳光，该来的终究会来，该走的也一定会走。

有纯粹的男性朋友。不是蓝颜知己，绝对不是！只要人品正派，就可以了。有些时候，男性朋友的观点和建议，比女性朋友要理性得多。

### (3)事业方面

有一份工作。你可以打工，你也可以当老板，这份工作可以稳定，可以不稳定，但你绝对不可以当全职太太！要知道，经济独立的女人，腰杆才真正挺得直！花男人的钱不叫有本事，花自己的钱，才最名正言顺。别等到被扫地出门，分文没有，躲在角落里哭时，才意识到这一点的重要性。

做一项投资。可以是房产，可以是基金，也可以是黄金。

做一回白日梦。根据自己的能力，想象一下自己最大力量可以做出的成绩，勇敢幻想自己功成名就后的风光，彻底意淫台下的掌声和鲜花，不要觉得遥不可及，有梦想，就有实现的可能。

细心，细心，再细心。细心的女人才会最少地闯祸，为了不给自己找不必要的麻烦，还是细心地对待工作上的每一个细节吧。

## 4.过了25岁后就不要和年龄"打仗"

女人过了25岁以后，最害怕别人问起的莫过于自己的年龄了。年龄成了女人的内心伤痛和不愿示人的疤痕。有的女人刚刚过完生日，就开始悲观起来，她们会因为自己无法控制的年龄，而脾气越来越差。她们对老公发脾气，说自己的青春岁月都被眼前的男人蹉跎了；对孩子发脾气，说自己为了这个家操碎了心，现在老得快不行了，孩子还什么事都不懂；对同事发脾气，因为公司里年轻水嫩的小姑娘越来越多，每每听到人家的年龄，女人就气得恨不得让时间停止。

其实，年龄只是生命的刻度，它对人生的成败并不起决定作用。不管对谁，年龄都是一视同仁的。过多地为它"操心"，只会增加烦恼，对身心健康无益。

据史料记载，在唐代的帝王中，武则天是很崇信佛教的。她当年也曾为年龄的问题烦恼，但是有一位禅师为她做了很好的解答。

有一次，她请颇有传奇色彩的嵩山慧安禅师到宫中讲课。此时，慧安禅师已经120多岁了，仍然童颜鹤发，神采奕奕。武则天见了非常好奇，一见面便问他多大年纪了。慧安禅师说："我不记得了。"

女皇听了更觉惊讶："这怎么可能？一个人怎么会忘记自己的年龄呢？"

慧安禅师则淡淡一笑，解释道："人之身，有生有死，如同沿着一个圆周循环，没有起点，也没有终点，记这年岁有何用呢？何况，此心如水流注，中间并无间隙，看到水泡生生灭灭，不过是幻象罢了。人哪，从最初有意识到死亡，一直都是这样，有什么年岁可记呢？"

在慧安禅师看来，人的年华如流水，过去的已经过去，没有必要追悔；未来的尚未到来,没有必要杞忧;只要好好把握住现在就行了,又何必把年龄放在心上?

禅师的话,让一向好大喜功、"万岁"加身的女皇武则天佩服得五体投地。

或许,慧安禅师讲得有些玄妙,不易被我们所接受。不过我们还可从古代诗人的诗词中,找到一些对年龄更加通俗易懂的阐释。宋代大诗人陆游在《木兰花·立春日作》一词中这样写道:

春盘春酒年年好,试戴银幡判醉倒。

今朝一岁大家添,不是人间偏我老。

诗人从人人平等的角度来看待年龄问题。你虽今年年轻,明年也要老的;你虽现在老了,昨日也曾年轻过。年轻人可以感受奋斗的乐趣,老年人也可领略收获的满足。大家彼此彼此,又何必为添年龄而伤心呢?

很多女人,一生都在和年龄作斗争,20岁嫌自己不够漂亮,30岁觉得自己老了,40岁觉得欲望太多……而真正懂得生活的女人是不应该回避年龄数字的,它们只不过是个代号而已。如果女人冷落了那些数字,它们便会来极力讨好你。

20岁的女人,是一朵娇艳的鲜花,你可以任性,可以让爱你的男人为你的放纵埋单,但是这时候的女人不要做得过分。你可以做一个知错就改的小女人,但不能把男人作为一生的依靠,因为你的路还长着呢。

女人的年龄若超过30岁,就不要再把无谓的攀比挂在脸上。这个时候,女人是一部文字细腻的小说,她不再是20岁那年文字浮华的散文诗,开始懂得欣赏属于自己的美丽。30岁的女人是宝,她们享受生活,更知道什么是自己想要的。30岁的女人会过滤情感,只有那些真挚而持久的爱,才是她们的首选。

40岁的女人要开始决绝生活的繁琐,不要把贤惠的性格与朴实的着装叠加在一起,你的美丽应该是内在的融会与外在的展示相结合的。别为了省下那点化妆品,而把黄脸婆的帽子戴在自己头上,偶尔的奢侈是必要的。40岁的女人,要拥有自己的朋友圈,你的家庭固然很重要,但你自己的世界一定要更精彩。

40岁以后的女人,要把内衣穿得比外衣漂亮,把丰腴的身体资源合理有效地利用起来。别担心自己过于性感,这是你的魅力,是其他年龄段的女人所望尘莫及的丰韵。要给男人一点距离感,男人天生就是个完美主义者,他们不要遗憾,而女人却可以制造这条绚丽的风景线。给自己佩带一些精美的首饰,这些东西就是属于你的,你的美不需要语言来诠释,你的笑声已经是这个世界上最动听的旋律,你的眼神是墨蓝色夜空下,最明洁的月光。这时候的女人很大度,生活上的幸福已经孕育出女人的甜蜜。做自己喜欢做的事情,把温馨的小窍门传给你的后代。当爱你的人和你爱的人围绕在你周围时,生活便给了你世间最珍贵的东西——爱。

忘记自己年龄的女人,她们有着一颗历经沧桑后依然豁达而快乐的心。她的美丽必定来自于不断的失去与磨砺,来自于伤痛与无奈。在时光的流逝中,她们不再炫耀自己的青春,却慢慢地把握了生命中最本质的快乐。不管缘聚缘散,不管春夏秋冬,不管得到与失去,她们都能够坦然面对。

## 5.学做几道私房菜,用美食调节生活

不知道从什么时候起,"好女人不仅要上得厅堂,也要下得厨房"的标准已经深入人心,连女人们自己也深感认同。当然,你可以不天天做饭,但是一定要会做。料理美食并不要求美女们天天操起锅铲做"厨神",烟火缭绕地出现在人前。看过《美女私房菜》的人一定都知道美女沈星,她每周都

会出现在美丽的维多利亚港湾,教大家做好吃的菜肴。沈星就是个喜爱美食的女人,在她身上,你能够看到新颖的美食美色,就连煮饭也被她演绎得曼妙动人。从原材料的精挑细选,到煎炒烹炸的出色料理,再到赏心悦目的美味佳肴,看她做饭我们才知道,原来做菜也可以这般时尚。

身为女人,我们必须懂得用美食来调节生活,只有那些对美食无比热爱的女人,才是细心体味生活的人,也才是真正美丽的女人。这样的女人一定是极其眷念生活,热爱周围的人,并把这份爱转化到美食的追求上。

人们热爱美食,也更热爱那些美食背后的女人。喜爱美食的女人绝不能蓬头垢面、满面烟火色,那样无美态的女人只能称为厨娘。料理美食的女人应该是优雅干练的,因为烹制美食本身就是一件让人赏心悦目的事情。料理美食,对于这些敏感与理性兼备的女人们来说,既是一种职业,也更是品味人生的一个过程。

做饭是可以美容的,一个饭都不会做的女人,营养一定不好。如果是一个营养不好的女人,那她脸上即使抹上胭脂也得掉下来。这是外在美,内在美也一样, 做饭体现了一个女人的内在素质和干练, 甚至从另外一个角度说,不会做饭的女人不是一个完整的女人! 现在的女人,尤其是一些年轻女孩,生怕进了厨房会被油烟熏成黄脸婆,这是一个完全错误的认为。要想成为男人心目中永远漂亮的女人,就应该做一个会做饭的女人。

那么,女人如何才能拥有一手好厨艺呢?

女人最好最早的老师就是她的母亲。下厨可以表现出女性的体贴、头脑、机智等,甚至可看出她成长的家庭。无论是哪个女人,在学习做菜之初都是看母亲做菜,慢慢学起来的。所以,会做菜的女人,非常注意与母亲的交流学习,经常回忆母亲的言传技巧。

一家杂志上的烹饪专栏曾经对一位姓吴的太太特别推崇。吴太太并非以研究烹饪为业,她也是出生于纯粹的工薪阶层家庭。因此,杂志上所教授的烹调方法非常实用,也非常富有创意,是任何人都可以现学现做的餐点。

263

吴太太也承认自己是从孩提时期，一边看母亲做菜一边学的。尽管她的家庭是工薪阶层，却有些独特，她的父亲有许多朋友和徒弟，因此她家从很早时起就是一个聚会的场所，甚至有陌生人都常常光顾，络绎不绝。而吴太太的母亲身为女主人，对大批的访客招呼得真是细致周到。当来客很多，母亲一个人忙不过来时，女儿自然不能袖手旁观，在旁边帮忙削马铃薯皮、洗菜等，不知不觉间，她也变成熟手了。

长大之后，吴太太来到大城市，见识多了，做菜的层面就更广了。嫁人后，吴太太空闲的时间比较多，于是她就看一些杂志食谱，根据丈夫的口味有意识地注意一些做法。如果丈夫突然带客人回来，她也不会手足无措。在做菜前，她首先会打开冰箱，确定一下有什么东西，她绝不会因为没有多少菜料而发愁，而会想着只有这些菜，能不能做出什么好吃的东西来。如果菜量不足，她宁可不做整套的餐食，而只利用那有限的菜料做一些好吃的菜肴出来。做菜是相当费事的，所以针对几个常来客人的嗜好她都做了备忘录。若有不喜欢吃葱的客人在，那在放葱之前，她就会先从锅里盛出一份来。做备忘录的习惯，也是从母亲那儿学来的。实际上，她所介绍的菜肴，都没有一个像样的名字，但在巧思中也别有一番风味。

可见，拥有这种太太的丈夫算得上是天下最幸福的人了，他能安心地将部属带到家里，在公司同事及朋友间也会得到相当高的评价。当然，这种太太也会经常得到丈夫的夸奖。

另外，所谓会做菜的妻子，固然是能做出美味可口的菜肴，但也要具备做菜的巧思，也要灵活应对。

举例来说，突然来了个客人，不管三七二十一，只要赶快送出一样下酒的小菜即可，客人就会很满意了。其实，很多男人也许都会有类似的经历，喝完了酒正要回家，又被邀请直接上友人家接着喝，那友人的妻子草草打了声招呼，就一头钻进厨房，二三十分钟都没出来，这气氛就弄得客人很不好意思。不管是现成的菜肴或罐头，只要是能和酒一起立刻端出来，那么气氛就比较热烈了。

那种灵巧的妻子就会不需太费事就能拿出可口小菜，所以来客也不至于神经紧张。因此，做女人就应该像这位吴太太学习，不断地努力，经常给自己的男人换口味，那她一定能成为男人眼中的好妻子。

# 6.以树的姿态与他并肩

自立是女人自信的重要元素之一。没有独立的经济来源，没有独立的情感世界，女人永远是男人的衣服；没有一个能让自己安身立命的本事，女人迟早会成为怨妇中的一员；不能自立的女人，注定不能把握自己的命运。

女人在经济上的独立是自我实现的首要条件。现在普遍的观点都认同：同甘共苦才是家庭中的智慧。女人肩上的责任任重而道远，不仅旧时的一些观念要改变，女人还要追求自己的地位和财富，追求自己的快乐和幸福。

真正能独立自主的女人，会得到社会及他人的尊重，这是女人寻回自我的首要前提。有事业的女人能与自己的男人平起平坐，能让他们不会轻易产生"是我在养你的"的心理，能得到男人的尊重和敬佩。

自立的女人不会把终生的幸福完全交在那个他手中，尽管求婚时他说："我会让你一辈子幸福。"可他哪有那么多精力打理你的幸福，更何况女人对幸福的要求男人一般达不到。所以，女人要和他一起共同为家庭付出，这样即使当你面对一份支离破碎的生活时，你的自立也会让你重拾生活的勇气，重新开始自己的人生。

古今中外，任何一个值得尊敬的人都是用辛勤的工作，来换取事业的成功的。事业不仅是为了满足女人生存的需要，同时也是体现个人价值的需要。自信女人的一个可贵之处就是能够拥有自己独立的事业，它不仅能给我们以精神的寄托，同时又使我们经济独立、人格独立。

一个女人是某著名高校中文系的硕士生，在临近硕士毕业之际，她结束了长达五年的爱情长跑，接受了先生的求婚。到该找工作的时候，她也和其他同学一样开始做简历、挤招聘会。当时，她以为凭着硕士文凭和在报社、电视台实习的经历，一定能找到一份如意的工作。谁知道一跳进人才市场的海洋里她才发现，情况和她想象的大不一样。

周围的不少朋友劝她："何必辛苦呢？你老公留学归来，又是工科博士，那么多单位开价都是一万两万的。你干脆不工作，在家写点小文章，赚点小钱，悠然自得不好吗？"于是她把档案往人才市场一放，选择了不工作。

可当最初的兴奋一过，她才发现这样的生活并不美好。先生每天去上班时，她还在睡大觉，中午一个人在家随便吃点将就着，一整天就在家里穿着睡衣到处晃悠。于是她开始觉得失落、觉得不快乐，渐渐地脾气越来越坏，动不动就发火。

深夜梦醒的时候，她不断地追问自己："这真的是我想要的生活吗？"答案是：不。我想去工作，不是因为别的，而是需要。

于是，趁着先生到上海去发展的机会，她也开始像一个应届毕业生一样，又开始了在上海的求职之路。终于，她在一家报社开始做编辑，尽管工资不高，却让她觉得很踏实。她说："在这个人才济济的城市里，我看到了太多优秀的女人怎样在生活。如果你问我，现在累吗？的确有点累，但我很满意。现在，见到我的朋友总说我比以前更有神采了。"

现在，更多的女性努力工作是为了释放自己最大的价值，在不断的进取和成就中获得肯定和自我完善。她们和那些放弃工作、走入家庭的女性形成鲜明对比,更显独立自主,为社会创造价值,是城市街头匆匆奔走的亮丽风景线。

独立自信的女人可以骄傲地对世人宣称她们是天空之中翱翔的鸿雁,是高原上奔跑跳跃的藏羚羊,是花丛中翩翩起舞的美丽蝴蝶。在世间,她们用自己的方式展现着属于自己的美丽。

独立自信的女人拥有广阔的心胸,高瞻远瞩的目光。她们没有临渊羡鱼而后感叹,她们用行动实践着"退而结网"的道理,她们用自己的双手规划自己的未来。她们懂得"靠山山倒,靠水水枯,靠自己永远不倒"的道理,她们学会用自己手中的笔,在蓝图上描绘自己将要创造的山水。

独立自信的女人会给人一个轻松自在的感觉,让人惬意的像漫步在幽静的山林之中。即便面对变幻无常的社会,她们也不会丢掉轻松的微笑。

还记得初中课本里舒婷的那首《致橡树》吧,这首诗就是独立自信女人的真实写照。


我如果爱你——

绝不像攀援的凌霄花,

借你的高枝炫耀自己;

我如果爱你——

绝不学痴情的鸟儿,

为绿荫重复单调的歌曲;

也不止像泉源,

常年送来清凉的慰藉;

也不止像险峰,增加你的高度,衬托你的威仪。

甚至日光,

甚至春雨。

不,这些都还不够!

我必须是你近旁的一株木棉,

作为树的形象和你站在一起。

根，紧握在地下，

叶，相触在云里。

每一阵风过，

我们都互相致意，

但没有人，

听懂我们的言语。

你有你的铜枝铁干，

像刀，像剑，

也像戟，

我有我的红硕花朵，

像沉重的叹息，

又像英勇的火炬，

我们分担寒潮、风雷、霹雳；

我们共享雾霭流岚、虹霓，

仿佛永远分离，

却又终身相依，

这才是伟大的爱情，

坚贞就在这里：

爱——

不仅爱你伟岸的身躯，

也爱你坚持的位置，

足下的土地。

# 7.内外兼修,学些享受生活的小秘方

要真正做一个成功的女性,不仅多样角色都要兼顾周到,还要不忘进修提升竞争力,同时懂得打扮,经常保持最佳状态见人,懂得调剂生活,不要放过身边唾手可得的快乐催化剂。这里为女性提供享受生活的秘方,愿更多女性朋友可以做一个内外兼修的优雅女人。

(1)快乐记事簿。养成每天写日记的习惯,记下每天的快乐心情,使你快乐的人物和地点,心血来潮时就拿出来重温快乐时光,留住生活中美好的时光,千万不要将不愉快的情绪留到明天。

(2)到超市购物。试试每逢星期天,就到超市大肆采购一番,将冰箱装得满满的,以富足快乐的心情,迎接每个星期的第一天。

(3)计划一星期的打扮。用相机拍下自己拥有的每一双鞋子的样子,贴在鞋盒的显眼处,并于星期天安排好下个星期的服饰搭配,如此就不需要每天一早起床,为当天要穿哪件衣服、哪双鞋子而伤脑筋了,省下来的时间就可以不慌不忙地享用美味的早餐,或花些时间做脸部按摩运动。

(4)善用数字感。习惯数字带给你的兴奋,利用数字带来的推动力让自己慢慢进步,就算今天比昨天只多做了一两下仰卧起坐,也能带给你小小的快乐及成就感,毕竟一想到今天的我将会比昨天更接近目标,那种快乐根本无法形容。

(5) 找寻最新资讯。每日利用一小时的时间打开电脑浏览喜欢的网站,你在吸取无边的知识之余,还可享受比别人早一步发现新知的乐趣。

(6)日行一善。不论是扶老婆婆过马路,还是在公司里帮同事们一点小忙,又或是在办公室制造欢乐气氛,都算是好事,都会使你一整天拥有一个快乐的好心情。

(7)善于利用时间。试着不在固定时间守在电视机前,将你喜欢的节目录下来,在有空的时候再播出来看,享受那种赶走广告的驾驭感,毕竟新时代的女性,有必要成为一位时间管理专家,才能让你感受到有效善用时间的乐趣。

(8)不同主题的日子。依照你喜欢的方式,为自己精心计划一星期的特定日子,譬如打球日、逛街日、约会日、睡觉日、学习日,积极快乐地享受每一天。

(9)在家寻宝。你一定有过发现家中某种东西不翼而飞的时刻,但日子久了也就不了了之,然后在一次打扫卫生时,它又突然出现在你眼前,那种失而复得的心情会让你非常兴奋。而且定期清理旧东西,让家里窗明几净,空气流通,也有除旧迎新、增加能量的功效。有时也会有不大不小的意外收获。

(10)梦想剪贴图。专家说过,没有设定目标的人,就永远达不到目标。将你的理想、目标视觉化,以图片的方式剪贴在大卡纸上,有空就拿来欣赏。图片看多了,可以刺激我们努力地去达成某个目标,让自己早日享受梦想成真的满足感。

(11)偶尔节制一下。你一定很怀念小时候等待过年的兴奋心情,因为只有在过年时才有足够的压岁钱,可以买心中很想拥有的东西。长大后的我们,虽然随时都可以买到自己需要的东西,却已经完全不懂得珍惜自己身边拥有的,也忘了什么叫得来不易。不妨克制自己一下,只在发薪水的那个星期才购物,平常的日子就感受一下节制的乐趣,找回那份童年的回忆吧。

(12)早起的乐趣。找一天一大清早起床,早睡早起,头脑清醒精神爽,心情自然也会快乐舒畅。试着培养早起一小时的好习惯,你不但会多了宝贵的宁静时间及充裕的精力,你也一定会爱上那个早晨恬静清新的感受。

(13)储蓄乐。买个漂亮的小猪钱箱放在办公室桌上,作为你旅游、买大衣或做善事的基金。每天"喂"它一次,它会带给你细水长流的快乐。

(14)养只小宠物。养个小动物，它会使你心情愉快。看着它一天一天地长大，你一定会体会到那种经过付出而得到收获时的快乐。

(15)经常保持愉快的心境。女为悦己者容，每天花一小时的时间宠爱自己，投资在自己身上是应该的。每星期定好养颜滋补的时间表，吃燕窝、补品、维他命丸，做面膜……让自己随时都保持在最佳状态，眼看着自己一天比一天迷人，怎能不叫你心花怒放？但是别忘了，再怎样地善待自己，最重要的还是经常保持愉快的心境，这样才能收到事半功倍的美容效果。

(16)享受天伦乐。家人永远是你最重要的精神支柱，好好珍惜及培养和他们的关系，定期为自己安排喜欢的家庭活动，有了家人亲切的支持，做起事来都必定事半功倍。不跟父母同住的朋友们要注意，虽然你平日不能常抽空见他们，下班后可别忘了打个电话问候他们。

(17)享受音乐。辛苦工作后，利用短暂的休息时间，听听自己喜欢的音乐，好好地奖赏自己一番，陶醉在优美的音乐旋律中，就算是只有短短的十分钟时间，也能帮你缓解疲劳，带给你不可思议的美妙感受。

(18)休假的艺术。在不用上班的日子里，你也可以过得既浪漫又有效率，如果不想让假日空白，平时就应该做好休假的规划，利用周末的时间，做你平日想做又一直没有时间做的事，让自己过一个有价值又丰盛的周末。

(19)想象快乐。人类的潜能是非常奇妙的，好好运用我们的第六感和意志力，乐观进取地想着经过努力后带来成功的美好情景，让自己经常有着正面的思想，它会在不知不觉中使你越来越接近成功。

(20)爱情的魔力。经常跟爱侣分享生活上的喜悦，生活中的点点滴滴，在对方沮丧或不开心时给予适当的慰藉与关怀，不但能使彼此之间的爱情更加滋养，更可激励彼此不断向上。

(21)不要忘记快乐。乐观的人容易遇上有趣的事，如果你常常不开心，可能你已忘了快乐的节奏感。只要你常到使你快乐的地方去，或是花点心思，留意周围的事物，你就不难发现一些令人开心的事。其实快乐是无处不在的,只是一直被我们忽略了。你一定听说过,笑口常开的人比较容易青春常驻,想要青春不老,就别忘了一定要常保持乐观进取的态度,积极快乐地过每一天。

(22)自我增值。定期上不同且对自己有益的兴趣班和训练课程,体验一下不同领域带来的学习乐趣和成就感,只要忙得充实有意义,你的每一种兴趣都会带给你不同程度的成就感。

# 8.真正的魅力不是外在的光鲜,而是内心的幸福

男人总羡慕女人,因为女人可以依靠男人。在很多人看来也是如此,男人的钱包决定着女人的光鲜,男人的经济决定着女人的幸福感。对于这些观点,有些女人有异议,她们觉得,光鲜也好,幸福感也好,不能靠男人,而要靠自己,或者说要靠夫妻二人齐心协力;有些女人则对此观点深信不疑,于是费尽心思地想要嫁个能给自己奢华生活的男人。

很多人把奢华的程度当做是衡量幸福感、价值感的重要标杆,于是一味地追求,而忘了停下脚步来好好想一想:自己所追求的是对的,还是错的?

一个女人在商场购物,逛了近一个小时了,可手里的购物袋却少之又少。

"田小姐,您来啦?"一阵热情的迎客声惊绕了女人凝视着价格标签的思考,转而不经意地回过头去看。从这名田小姐的打扮上来看,就知道这是个富贵的女人,烫着波浪大卷,从头到脚都是名牌,金银首饰在店内强光的照射下一闪一闪,惹得人眼睛不舒服。事实上,女人知道,是自己心里不舒服,

因为她不知道自己这辈子还有没有这样光鲜的时候。

"嗯，不是给我打电话说有新货上架吗？限量版的。"田小姐开口问道。看来她是这里的老客户了。

"是啊，是法国时尚节又一次得奖的大师的新作，全球限量50个，全中国也只有8个而已。这样名贵的包，当然只配您这样高贵的人了，上午刚到货就给您打电话了，10分钟前才刚刚上架……"说着，导购员亲自拿着口中所讲的限量版名包，"奴婢"似的给那位田小姐搭在肩上。

"好了，给我包起来吧，我早就在网上看过了，我就要这个金色的。"田小姐说着，便抽出一张卡来。

出于好奇，女人也佯装结账走到柜台，不经意地瞟了一眼刚拆下来的价格牌，顿时傻了眼——50000元。女人心想：5万块，是我2年的工资！就这样毫不犹豫地买了？就这么一个包？它里面是要装金子，还是装银子。

直到那名田小姐离开，女人还是没有缓过神来，只听几个导购员在议论说："这个田小姐，每月都要来消费好几次，只要有新货，只要是限量版，她都会抢先买。"

"小姐，您好，您有看中的吗？有什么需要我帮忙的吗？"女人看看导购员，看看自己手中随意拿起来的一款包包，再看看包包上标注的"天价"，她尴尬地将包包放下，逃离了现场。

很多女人都怕遇到这样的对比，因为同样是女人，但活法却不一样，至少在购物时的状态不一样，一个是挥金如土的潇洒，一个是不断翻看价格标签、不断瞠目结舌、心爱有余而钱包力不足的尴尬。

爱美是女人的天性，是造物主给予女人的秉性，它让女人对一切美好的事物都向往不已，在内心失去了招架力。所以，大多数女人都爱美，都希望能够成为光鲜亮丽的人，成为他人羡慕的对象。

但现实却往往不尽如人意。

女人悻悻地回到家中，满脸的惆怅与不悦。

"亲爱的，回来啦，看我今天给你做了些什么？糖醋排骨，是我特意向饭

273

店的大厨请教的，口味绝对是五星级的……"新婚不久的丈夫已经在餐桌前忙活，桌上摆满了一桌子的菜。

"在这65平方米的破房子里说五星级，不觉得讽刺吗？"女人没好气地撂下这么一句话，低着头专心地换拖鞋。

"呦，话可不能这么说，房子虽小，可是咱有啊，多少人连这么个小户型还买不起呢。再说了，幸福不在乎这平方米的数字，再大的房子，晚上也只需那2米乘2米的床占的地方，更重要的是这满屋子的爱……"丈夫本就是个没脾气的人，女人当初嫁他也正是因为这一点，不但对自己关爱呵护不已，而且对于自己的无理取闹也总能包容。

"照你这么说，生活的最高理想不是房子有多大，够睡就行了是吧？买个棺材大的不更好？进门就是床，除了睡觉就别进家门……"原本听来很温馨的话，女人此刻听来，却有股"吃不着葡萄就说葡萄酸"的意味。

"亲爱的，你怎么了，小宇宙爆发啦？那么，太后，让小喜子伺候您用膳吧？"丈夫仍旧嬉皮笑脸地想化解妻子心中的不悦。

"吃吃吃，就知道吃，生活的唯一追求就是吃吗？一个男人就不能有点出息，有点志向，什么知足常乐，都是废话，都知足的话，一辈子都别想过上好日子了。"

"你……你说我没出息？我这样把你捧在手心里，恨不得把全世界都给你，你就没有丝毫的幸福感吗？好日子，哼呵……什么是好日子……"丈夫呢喃着离开了家。

女人转身走到卧室，床上躺着一束鲜红的玫瑰，旁边放着一个礼品盒，打开看到的是一条金项链，价值6000元。女人脑海中顿时出现了一个多月前，自己在柜台前看了又看却舍不得买的情景。怪不得，怪不得丈夫最近这一个多月一直加班加点，早出晚归的。顿时，女人的泪决了堤。

人人向往奢华的生活，因为它给了人最尊荣的享受，让人觉得自己高人一等，成为他人关注的焦点，艳羡的对象，或者更直白地说，人们往往想要通过奢华的物质来达到更高层次的精神享受。

是啊，一切的一切归结起来，最终的目的还是精神上的享受。然而，所谓的精神享受的真正意义又是什么？

有钱的人不一定就是快乐的，贫穷的人也不一定就是不快乐的。有钱人有他们的烦恼与愁苦，即使在外人看来，他们已经生活在云端；贫穷的人也有他们的快乐与欢笑，即使在外人看来，他们总是需要面对太多的苦难。

聪明的女人应该知道，真正意义上的精神享受不是让他人叹服的虚荣，而是由心的快乐感。女人真正的魅力，不是挥金如土的外在，而是内心的幸福和安宁。